U0219035

光启

守望思想　逐光启航

动物与人

[美] 段义孚 著 赵世玲 译

THE MAKING OF PETS

制造宠物

支配与感情

DOMINANCE AND AFFECTION
YI-FU TUAN

上海人民出版社

LUMINAIRE BOOKS
光启书局

"动物与人"丛书编委会

主　编：陈怀宇

编委会成员（按姓氏拼音排序）：

曹志红（中国科学院大学）

陈　恒（上海师范大学）

李鉴慧（成功大学）

陆伊骊（清华大学）

闵祥鹏（河南大学）

桑　海（澳门理工大学）

沈宇斌（清华大学）

张小贵（暨南大学）

张　幸（北京大学）

张亚婷（陕西师范大学）

"动物与人"总序

陈怀宇

　　"动物与人"丛书是中文学界专门探讨动物与人关系的第一套丛书，尽量体现这一领域多角度、多学科、多方法的特色。尽管以往也有不少中文出版物涉及"动物与人研究"的主题，但"动物与人研究"作为一个新领域在中文学界仍处在缓慢发展之中，尚未作为一个成熟的独立学术领域广泛取得学界共识和公众重视，这和国际学界自 21 世纪以来出现的"动物转向"（the Animal Turn）学术发展较为不同。在国际学界，以动物作为主要研究对象的相关研究有诸多不同的提法，如动物研究（Animal Studies）、历史动物研究（Historical Animal Studies）、人—动物研究（Human-Animal Studies）、批判动物研究（Critical Animal Studies）、动物史（Animal History）、动物与人研究（Animal and Human Studies）等。由于不同的学者训练背景不同，所关心的问题也不同，可能会出现很多不同的认识，然而关键一点是大家都很关心动物作为研究对象所具有的主体性和能动性，并由此出发而重视动物在漫长的人类历史上所扮演的重要角色和体现的重要意义，而不是像动物研究兴起以前一样将动物视为历史中的边缘角色。我们并不认为这套丛书的出版可以详尽地讨论不同学者使用的不同提法及其内涵并解决这些讨论所引发的争论，而是更希望在这套丛书中包容不同的学术思路以及方法，尽可能为读者展现国内外学界的新思考。为了便于中文读者阅读接受，我们称之为"动物与人"，侧重关注人类与动物在历史上的互动互存关系，动物如何改变人类历史进程，动物在历史上如何丰富了人类的政治、经济和文化生活等。这套丛书收入的研究虽然以近些年的新著为主，但不排除译介一些重要的旧著，也会不定期将一些颇有旨趣的研究论文结集出版。

在过去二十多年中，全球性的动物与人研究可谓方兴未艾，推动人文和社会科学朝着多学科合作方向发展，不仅在国际上出现了很多相关学术组织，不少丛书亦应运而生，学界同道也组织出版了相关刊物。比如，英国学者组织了全国性动物研究网络（British Animal Studies Network），每年轮流在各个大学组织年会。澳大利亚学者也成立了动物研究学会（Australian Animal

Studies Association），出版刊物。美国的动物与社会研究所（Animals and Society Institute）成立时间较早，也最为知名，其旗舰刊物《社会与动物》(*Society and Animals*）在学界享有盛誉。除了这些专门的学术组织之外，传统学会以及大学内部也出现一些以动物研究为主的小组或研究机构，如在美国宗教学会下面成立了动物与宗教组，而伊利诺伊大学、卫斯理安大学、纽约大学等都设立了动物研究或动物与人研究所（或研究中心），哈佛法学院下面也有专门的动物法律与政策（Animal Law and Policy）研究项目。欧洲大陆的奥地利因斯布鲁克大学和维也纳大学、德国卡塞尔大学等都出现了专门的动物研究或动物与人研究组织。有一些学校还正式设立了动物研究的学位，如纽约大学即在环境研究系下面设立了专门的动物研究学士和硕士学位。一些出版社一直在出版动物研究或动物与人研究丛书，比较知名的丛书来自博睿、帕尔格雷夫·麦克米兰、约翰·霍普金斯大学出版社、明尼苏达大学出版社、哥伦比亚大学出版社等。专门探讨动物研究或动物与人研究的相关期刊则多达近二十种。与之相比，中文学界似乎还没有专门的研究机构，也没有专门的丛书和期刊，尽管在过去一些年，不少重要的著作都被纳入一些丛书或以单部著作的形式被介绍到中文学界而广为人知。可喜的是，近两年一些期刊也组织了动物研究或动物史专号，如《成功大学历史学报》2020年第58期推出了"动物史学"专号、《世界历史评论》2021年秋季号推出了"欧亚历史上的动物与人类"专号。有鉴于此，我们希望这套丛书的出版，能推动中文学界对这一领域的重视。而且，系统性地围绕这个新领域出版中文新著新作也可以为愿意开设"动物史""动物研究""全球动物史""亚洲动物史""东亚动物史""动物科技史""动物与文学""动物与环境"等新课程的高校教师们提供一些可供选择的指定读物或参考书。而对动物研究感兴趣的学者学生乃至普通读者而言，也可以非常便捷地获得进一步阅读的文献。

也正因为动物与人研究主要肇源于欧美学界，这一学术领域的发展也呈现出两个特点，一是偏重于欧美地区的动物与人研究，二是偏重于现当代研究。动物与人研究的兴起，因为受到后殖民主义、后现代主义的影响，带有浓厚的后人类主义趋向，也使得一些学者开始反思其中的欧美中心主义，并批判启蒙运动兴起以来过度重视人文主义所带来的人类中心主义思想趋势。因此，我们这套丛书也希望体现自己的特色，在介绍一些有关欧美地区动物与人研究的新书之外，也特别鼓励有关欧美以外地区动物与人的研究，以及古代和中古时期的动物研究，以期对国际学界对于欧美和现当代的重视形成一种平衡力量，体现动物与人关系在社会和历史发展中的丰富性和多元性。我们特别欢迎中文学界有关动物与人研究的原创论述，跨越文学、历史、哲学、宗教、人类学、社会学、医疗人文、环境研究等学科藩篱，希望这些论述能在熟悉国际学界的主要成就基础之上，从动物与人研究的角度提出自己独特的议题，打通文理之间的区隔，尽可能利用不同学科的思想资源，作出跨领域跨学科的贡献，从而对更为广泛的读者有所启发。

动物从来就是我们生活中不可或缺的一部分，动物研究的意义从来就不只是局限于学术探讨。作为现代社会的公民，每个人都有责任了解动物在人类历史长河中的地位和意义。人类必须学会和动物一起共存，才能让周围环境变得更为适合生活。特别是今天生活在我们地球上的物种呈现出递减的趋势，了解动物在历史上的价值与发展历程也从未像今天一样迫切。无论读者来自何方，有着怎样的立场、地位和受教育水平，恐怕都不能接受人类离开动物孤独地生活在这个星球之上。这套丛书也希望提供给普通读者一个了解动物及其与人类互动的窗口，从而更为全面地理解不同物种的生存状况，带着一种理解的眼光看待和对待那些和我们不一样却不能轻视的物种。

目　录

最残忍的天性应是整个文明之源，对于懂得何为生活的人这似乎并不自相矛盾。

——乔治·桑塔亚那:《支配和权力》(George Santayana, *Dominations and Powers*)

导读　找到认识和理解世界的新途径

　　为本书中译本撰写导读，我既感到荣幸，也感到压力。段先生已经为本书中译本写了序言，我这里再写下这篇短文，只能当作我向段先生提交一份读书笔记，抑或当作我参加此话题讨论的浅见。有些读者看到书名《制造宠物：支配与感情》，决定开卷一阅，我猜想这些读者可能是已有宠物，或许是打算养些宠物，甚至可能是那些被邻家的宠物干扰到日常生活的人士。然而本书讨论的对象不仅是人们常识中的宠物，如小猫、小狗，还扩展到了所有自然之物、所有的人。

　　本书包含大量有趣的"故事"，意在让读者审视人类的种种做法。譬如，人们喜欢植物，但是是否应该将之强行修剪或扭曲为我们喜欢的形状（原书第 63 页）？如果我们在历史书中读到，18 世纪的贵妇将黑人男童作为宠物来养，我们是麻木不仁，还是觉得贵妇十分仁慈（原书第 5 页）？另外，人们是否能够理解因纽特人自杀时的快乐心情？因为他们认为这样去死，可以直接进入"快乐的猎场"，而不是进入饱受苦难的阴间（原书第 90 页）。这三个"故事"直指人类使用力量或权力[1]的三类道德主题：人与自然、人与人，以及人与自我的关系。在处理三类关系时，何种形式、何种程度不算是滥用权力？从本书的这些故事和主题，读者就可以了解，这不是仅仅献给爱猫、爱狗人士的读物，而是奉献给所有人的一本书。

许多学科都讨论上述三种关系，而本书展示的是地理学者，确切说是文化地理学者的视角。文化地理学的鼻祖是卡尔·索尔（Carl O. Sauer），其代表作是《景观形态学》，段先生在加利福尼亚大学伯克利分校攻读地貌学博士学位时，上过索尔的研究生讨论课。他回忆道，索尔对人类文明和城市管理持悲观态度，因为他看到权力被滥用。[2]段先生继承和拓展了索尔的学术主张，他在 20 世纪 70 年代将人文主义引入了文化地理学，从而开创了人文主义地理学的时代。该学派出现的标志性作品是段先生的《人文主义地理学》。[3]我与研究生在 20 年前一起翻译了《现代地理学思想》。[4]我从该书了解到，人文主义地理学是以现象学作为认识论基础的，因此我误以为现象学是在 20 世纪 70 年代被引入地理学中。我最近重读《景观形态学》，注意到索尔在文中开篇强调"科学的现象学视角"（The phenomenologic view of science）。[5]
索尔引用了德国著名哲学家、智慧学派（School of
Wisdom）创始人克士林（Hermann Keyserling）伯爵
的名句：所有科学都可以被视为现象学。[6]《景观形态
学》发表之时，距现象学鼻祖胡塞尔第一部现象学著作
《纯粹现象学通论》的出版已有 12 年。《纯粹现象学通
论》出版后，引起西方学术界热议，并被视为 20 世纪
哲学经典之一。[7] 胡塞尔为了说明因果性的客观有效性，
从纯粹意识角度思考问题，以描述其实质。[8] 索尔出生
在美国密苏里州的沃林顿（Warrenton），其父母是第
一代德国移民。该镇德裔居民比例高，索尔 10 岁那年
还跟随父母回到德国的卡尔夫（Calw）小镇读了一年
书。[9] 因此，索尔阅读胡塞尔德文原著没有任何语言障
碍。19 世纪末，以洪堡为代表的德国地理学家将因果
分析引入地理学，使地理学从侧重记录的学问，转变为
一门"科学"。而索尔的贡献是，他意识到了胡塞尔现
象学是地理学者探索因果分析的新路径。索尔侧重采纳
胡塞尔的历史现象学的观点，例如他寻找美国新墨西哥
州、中美洲国家景观（landscape）历史层累过程中的
"历史的先天"（historical apriori），[10] 即层累出来的景
象（spectacle）具有绝对意义之规则（the rule of an
absolute meaning）。[11] 他指出：当地理学者将现象和区

位转化为抽象数字时，就背离了地理学的研究方向。[12]
我自己认为，地理学家要探究的是能够回答三种关系的
"理念"，而这些"理念"并非超脱于区域历史，而是贯
穿各个阶段的历史意义，只有历史的、先验主体性才能
为"理念"负责。[13]

　　段先生虽然也关注历史现象学，但他并不研究特定
区域的历史演变过程，而是如他自己所说，他偏重采用
心理学方法。[14]胡塞尔指出：现象学不是别的，它正
是有关心理事物本身固有本质的科学。[15]随着现象学
的发展，以段先生为代表的一批人文主义地理学者便
将现象学的新成果融入地理学研究中。例如大卫·西蒙
（David Seamon）将梅洛-庞蒂的"身体主体"（body
subject）、海德格尔的"栖居"（dwelling）概念引入地
理学研究。[16]

　　段先生的许多著作已被译为繁体中文和简体中文，
本书是此前少数几本尚未翻译出版的段氏作品之一。
2005年我邀请段先生顺访北京师范大学，并做学术报
告，[17]一位著名的自然地理学教授听罢报告说：段先生
的报告更像是地理文学。这个评价很到位，因为另一位
人文主义地理学教授梅宁（Donald William Meinig）
认为，"只有当大量地理学家成为艺术家时，地理学才
值得被称为一门艺术"。[18]坦率地说，中国地理学界的

自然地理学定位，与欧美的地理学定位相差很大。如果国内地理学者按照段先生写作风格发表专著，多数同行会认为这样的书属于"随笔"，而非"严肃"的学术论著。即便是阅读这样的"地理文学"或"随笔"，我的那些受理科训练的学生，以及许多地理学同行（尤其是自然地理学和遥感、地理信息系统的同行）普遍认为，读懂段先生的作品很难。读者掩卷之后，依然不知段先生用丰富的"故事"、易懂的文字所"推导"出的结论为何。其实，我最初读段先生著作时，也有同感。例如，我前面列举了本书中的几个小故事，许多人读完这些小故事，后会生出疑问：段先生是否在否定园艺和盆景艺术？是否在批判贵妇的假仁慈？其实答案并非这么简单。2017年我与孔翔、白凯两位教授在美国威斯康星州首府麦迪逊访问了段先生。他提到了汉字"仁"的精妙，即人在两极之间的选择和平衡过程则为"仁"。段先生在本书序中说到，他使用的写作方法是描述性的（descriptive），目的是建议人们找到重新观察世界的可能方式，而不是由他给出肯定的结论。我理解，判断是非需要在描述出来的情景中来思考，而判断是非的主体是多元的，是非判断一直处于多元主体协商过程中，至于协商过程中既有胡塞尔的"历史的先天"，也有福柯的"历史的先天"。[19] 如果读者通过阅读此书，意识到自己在认识自然、了解他人和自己的过程中具有局限性，那么就达到段先生希望的第一层目标。而要达到第二层目标——找到认识和理解世界的新途径，并不能在读完这本书之后当即可得。套用现在的流行语：我们的探索永远在路上。

完全理解作者的原意，几乎是不可能完成的任务。这让我想起美国中西部学派的领军人物哈特向（Richard Hartshorne）与伯克利学派（或称西海岸学派）领军人物索尔的对话。两人互相质疑对方没有正确理解区域地理学派创始人赫特纳（Alfred Hettner）的思想。[20] 因此肯定地说，我也未必全部读懂了段先生本书的原意。我只是基于人类的共同性，自认为理解了段先生要表达的意思。譬如人是弱小的，因此绝大多数人都能理解被关爱时的内心感动（affection）。关爱和感动之间有因果关系。而本书选择了"支配""感情"这两个人类心理的本质，将之作为理解生活世界中人与自然、人与人关系的钥匙。而今，英美地理学界已经出现了多篇后人文主义地理学的研究论文。[21] 后人文主义地理学的观点主要是两个：其一，否认以人类为中心的人文主义地理学，例如开始强调非人类的主体性，或超越人类性；其二，否认理念之于经验世界的绝对优先性，例如开始向唯物主义回归。

本书 1984 年首版，上海人民出版社光启书局决定翻译出版此书之时，恰遇 2020 年全球新冠疫情来袭。在新冠疫情流行已达两年的当下，翻译出版此书简体中文版，具有新的意义。因为我们看到了这场疫情让人们再次深切意识到，无论人们位于世界哪个角落，都无法回避或无视"人与自然的关系""人与人的关系"的话题，都无法独处于一个与世隔绝的、人为打造（making）的自然天堂之中。我们看到狡猾多变的新冠病毒，不断发挥它们的主体性。在人类与新冠病毒互动的过程中，二者共同调节着"人与病毒"的关系。同时，我们也看到穷人和富人在应对新冠疫情时的空间移动差异性。那些一定要在实体空间中通过移动而谋生的穷人，所生成的地理知识一定与富人不同，这便是经济基础对地理知识生产的影响。在医学科技高度发展的今天，人类面对新冠病毒，已经开始意识到自己"支配"自然的能力是有限的。因此人们的主要策略是躲避或防御，如着防护服、居住隔离、冷链消杀等；还有一种途径就是注重提升免疫力。而与新冠病毒相处的方式，背后是人类不断调整的"人地观"。

2020 年 5 月，美国南加州大学传播学教授史密斯（Christopher Smith）先生就新冠疫情，通过邮件采访了段先生。史密斯采访时提到了段先生的多部著作，《制造宠物：支配与感情》是其中一本。史密斯教授以这些书为引子，听取这位著名的文化地理学者对新冠疫情的见地。[22] 段先生最为擅长的分析手法是引用他人的文字，观察人们（包括他自己）在切换时空坐标后，对自己、他人和自然的理解有何变化，这恰恰是具有地理色彩的视角。段先生依然采用这样的思维方式回答了史密斯的问题。他一如既往，从不将艰涩的现象学术语挂在嘴边，而是用自己的、他人的故事引出他的思考，也引发听者的思考。例如他发问：为何收容所里的猫和狗很快被人们领养，而贫民窟和福利机构里的许多孩子却没有人收养？为什么防止虐待动物协会（SPCA）的成立时间甚至比为无家可归儿童成立的同类社团还早了几十年？

本书图文并茂，相信读者受到图片的启发后，会联想到生活中类似的图景。而当我们看到不一样的地理景观展示出类似的"含义"，这便触到"现象学"了。

周尚意

2022 年 6 月于京师

1　原文是 power，在不同语境下对应的中文可以是力量，也可以是权力。
2　［美］段义孚：《人文主义地理学》，宋秀葵、陈金凤、张盼盼译，上海：

上海译文出版社，2020年，第17页。

3 Tuan Y-F，"Humanistic Geography，" *Annals of the Association of American Geographers* 66（1976）：266–276.

4 ［美］理查·皮特：《现代地理学思想》，周尚意等译，北京：商务印书馆，2007年。

5 Sauer C. O.，"The Morphology of Landscape，" *University of California Publications in Geography* 2（2），1925：19–53. 这是文化地理学派诞生的标志作品。

6 Keyserling H.G.，*Prolegomena zur Naturphilosophie*（Miinchen：J. F. Lehmanns Verlag，1910），11；Keyserling H.G.，"Prolegomena Zur Naturphilosophie，" *Philosophical Review* 22（1913）：81.

7 倪梁康编著：《现象学与康德哲学》《《中国现象学与哲学评论》第14辑），上海：上海译文出版社，2014年。

8 张小龙、曹志平：《胡塞尔现象学中的因果性问题》，《科学技术哲学研究》2015年第5期，第31—35页。

9 Williams M.，*To Pass On a Good Earth The Life and Work of Carl O. Sauer*（Charlottesville：University of Virginia Press，2014），20.

10 也被译为"历史的先验性"。Speth W. W.，"Carl O. Sauer's Uses of Geography's Past，" *Yearbook of the Association of Pacific Coast Geographers* 55（1993）：37–65。

11 Husserl E. G. A.，*The Crisis of European Sciences and Transcendental Phenomenology*，trans. David Carr（Evanston：Northwestern University Press，1970），16.

12 Sauer C. O.，"Homestead and Community on the Middle Border，" in *Selected Essays 1963–1975*，ed. Bob Callahan（Berkeley：Turtle Island Foundation，1981，originally published in 1963），57–77.

13 我将德里达的表述套在对地理学的解释上，原文参见［法］德里达：《理念的历史性：差异、推延、起源和先验》，郑辟瑞译，《世界哲学》2003年第5期。

14 见本书序。

15 ［德］胡塞尔：《第一哲学》，王炳文译，北京：商务印书馆，2008年，第17页。

16 ［美］大卫·西蒙：《生活世界地理学》，周尚意、高慧慧译，北京：北京师范大学出版社，2022年。

17 周尚意：《段义孚先生在北京师范大学的报告会纪要》，《地理学报》2005年第5期，第866—867页。

18　Meinig D. W., "Geography as an Art," *Transactions of the Institute of British Geographers* 8（3）, 1983: 314–328. 在美国大学中地理系通常是设置在人文和艺术学院里的。

19　Carr D., "Husserl and Foucault on the historical apriori: teleological and anti-teleological views of history," *Continental Philosophy Review* 49（2016）: 127–137.

20　Speth W. W., "Carl O. Sauer's Uses of Geography's Past," *Yearbook of the Association of Pacific Coast Geographers* 55（1993）: 37–65.

21　Williams N., Patchett M., Lapworth A., Roberts T., Keating T., "Practising Post-humanism in Geographical Research," *Transactions of the Institute of British Geographers* 44（4）, 2019: 637–643.

22　Christopher Smith, A Conversation with Prof. Yi-Fu Tuan on the Coronavirus Pandemic: A Geographer's Perspective on Nature and Culture in a Landscape of Fear, May 30, 2020 [OL]. https: //www.linkedin.com/pulse/conversation-prof-yi-fu-tuan-coronavirus-pandemic-nature-smith/.

致中文版读者

　　我们人类如何为自己的利益而改变了自然，这是地理学界研究的主要课题。这个课题在任何时候都不如现在重要，因为至少现在我们已经明白，自己不仅改变而且滥用了自然，因此自然正在以洪水、旱灾和火灾的方式来对付我们。被遗忘的是在中国和西方文明的漫长历史中，我们表现出"支配与感情"的癖好，不仅将自然变成对我们有益的经济对象，而且变成我们的宠物和玩物。于是因为自己奇特的幽默感和愉悦感，我们建造喷泉，击水跳跃，为娱乐使猫狗表演，将"旷野"扭曲成景观艺术或是变成盆景（在日本被称为 bonsai）。我们能在不丧失自己人性的情况下朝这些方向走多远？难道这不是我们应该考虑的重要问题吗？我希望你认为是，并腾出时间读完这本书——哪怕仅仅是思索书中的插图。

段义孚

2021 年 9 月

序

最近十五年来，我着手从事的一系列研究都概括性地描述了心理地理学（descriptive psychological geography）领域的广泛主题，此书是最近出版的一本。这个系列的第一本题为《恋地情结》(*Topophilia*)，接踵而至的是《空间和地方》(*Space and Place*)、《无边的恐惧》(*Landscapes of Fear*)和《撕裂的世界和自我》(*Segmented Worlds and Self*)。在所有这些书中，我的出发点都十分简单，我主张人们通过受文化调节的能力去感觉、思考和行动，由此赋予人类体验环境（自然和人类环境）的特性。

对我来说人们如何感觉、思考和行动是中心问题，因此近年来我的所有努力都具有强烈的心理学和哲学倾向。在上述著作中，我探讨了人类依恋地方的性质，对于自然和景观所持态度中的恐惧成分，以及在日益撕裂的空间中发展的主观世界观和自我意识。在此书中我希望探索嬉戏性支配（playful domination）的心理学——一种运用权力／力量（power）的特殊方式，其结果是制造了宠物（pets）。

环境（environment）这个词使我的努力具有一种地理色彩，反映了我的地理学背景。环境的意思是"环绕的"。这是一个广泛松散的概念，恰巧符合我的目的。我不仅用这个词泛指自然（气候、地形、植物和动物）和人造空间，还包括其他的人类。

最后，我的方法是描述性的（descriptive）。目的是指点、对照和阐明，建议重新观察世界的可能方式，而不是分析、解释，得出肯定的结论。因此我的书写文风属于评论（essay）。评论意味着"尝试或检验的过程"，意味着"一种尝试""初步的努力"，甚至是"沉思冥想"（出自弗朗西斯·培根）。评论作家写的是精炼的随笔，而非事无巨细的论文。在 18 世纪这类作家"另辟蹊径或是进行试验"。我们可以认为学术工作分两阶段进行，每一阶段要求特定的天赋。第一阶段是写评论或随笔，富有想象力但亦很负责任地阐述并探讨事实和思想；此后如果需要，再进一步关注一个特定问题并进行详尽分析。我以为由于甘冒风险进入评论领域的学者寥寥无几，因此社会科学对人类现实（human reality）的理解颇有欠缺。不进行这种初步的努力，遵守严格分析方法论的研究往往成为常规但收获甚少。

　　在写书时，令人最愉悦的时刻或许就是感谢那些帮助、鼓励过我的同仁和学生。在此我很高兴对以下诸位表达感激之情：汉斯·奥尔兹科基乌斯和梅杰·奥尔兹科基乌斯（Hans and Maj Aldskogius）、理查德·贝里斯（Richard Berris）、托马斯·克莱顿（Tomas Clayton）、韦恩·豪厄尔（Wayne Howell）、赫尔加·莱特纳（Helga Leitner）、理查德·莱柏特（Richard Leppert）、罗杰·米勒（Roger Miller）、伯塔·佩雷斯（Berta Peretz）、菲利普·泼特（Philip Porter）、格伦·拉德（Glenn Radde）、迈克尔·斯坦纳（Michael Steiner），以及段思孚（Sze-fu Duan）。我还要感谢明尼苏达大学同意我休学术年假，并慷慨地给予我布什奖金（Bush Award）。我工作的主题虽然在思想上令人兴奋，但所研究问题的性质却十分令人苦恼，因此我要感谢威斯康星大学给我这个教职，这极大地鼓舞了我。

第一章

引　言

　　任何解释人类现实的尝试似乎都旨在理解权力的性
质。如果我们用权力作为关键概念，描绘一幅有关人类
现实的画面，那么尽管它具有连贯性并能够概括事实，
但似乎是扭曲不全的。人们是否总是有意无意地力图互
相支配，同时也常常彼此合作？人们确实合作，不过可
以争论说合作只是为了支配第三方——自然或是人类竞
争者。难道爱（love）不是社会事实吗？是。那么爱在
人类现实中发挥什么作用？如果根据虚构和科学类严肃
文学判断，不是爱"使世界运转"。即使在严肃的虚构
作品中，除了作为奇迹或是并无长期影响的灵光一现，
纯粹状态的爱很少出现。在科学文献中，皮特瑞姆·索
罗金（Pitrim A. Sorokin）*的著述是显而易见的例外，
1 除他之外，爱的确是一个难以承认的四个字母的词汇。
关于社会无序的论述可能使用诸如热情（passion）、欲
望（lust）、**着魔**（obsession）之类的字眼，但是所表
明的思想状态或是暗示的人际关系都能够轻易归于权力

---

*　皮特瑞姆·索罗金（1889—1968），俄裔美国社会学家，著述甚丰，几
乎涵盖社会学领域所有重要问题，提出利他之爱、爱的道与力等有关爱的
概念（*号脚注为译者注释，全书同）。

和支配这个概念。显然热情和欲望都不是圣保罗在《哥林多前书》中所说的爱。或许因为圣保罗和其他宗教伟人们设想的爱过于纯净和稀少，不足以主宰社会科学家和社会场景小说家的注意力。但还有感情（affection），无法否认存在感情，而且因为感情足够普遍，所以对世界的日常维护颇为重要。然而感情并非支配的反面；它是支配的抚慰——是具有人性面孔的支配。支配可能是残忍的剥削，不掺杂丝毫感情，所产生的是牺牲品。在另一方面，支配也可能同感情携手，所产生的是宠物。

行使权力的影响无处不在，表现为不同的尺度。在复杂的大型社会，或许最惊人的影响是改变自然。竭伐森林，抽干沼泽，以便人类栖居。砍倒树木，劈开岩石，为制造业提供原材料。为动物套上轭具，使之为人类效力并成为人类的食物。用兽皮、毛皮或羽毛制成物品。人类通过发明的技术装置而有可能支配自然。在有轮子和杠杆的机器出现之前，有种由活动的人类部件组成的机器，那就是协调有序的劳工队。这种人类机器的存在道出一个事实，即人与人之间也有支配。人被杀戮或是迁移，以便为征服者让出栖居之地；人被奴役，成为主人家庭之运转机器的部件，人被征发，编入劳工队或是军队，成为主人权力军械库的一部分。[2]

当有人或物挡住世界的震撼者（shakers）或是实干家（doers）的去路，除非被认为有用，否则将会被移开。不论何种情形，实干家与对象的关系与个体无关。伐木工并不憎恨森林，征服者个人对被征服者也并不怀恨在心。尽管在牺牲者看来这一行动十分恐怖，实干家可能并不觉得自己残忍，他对牺牲品兴趣不大，或毫无兴趣，这不过是他所见景观的一部分。是做成长凳的一片木料，是套上轭具的公牛，是变成工具的人——这些都是为实用目的行使权力。不过也可以为了愉悦、装饰和名望行使权力，支持这些目的的对象与那些仅仅实用性的对象有所不同，它们被视为贵重物品，是达官贵族景观中可见的要素；它们受到喜爱和纵容，是玩物和宠物。

很多社会将工作的世界和游戏的世界加以区分。工作是必要的，而游戏是自由的。不论作为猎人兼采集者、鞋推销员还是官吏，我们必须为生存工作。但是工作之外可能还有剩余的时间、精力和资源用来自由地游戏。在工作世界权力和支配无处不在。工作的人们力图主宰自然和生命，如果他们能够指挥足够的力量，便能够大大改变自己居住的地球。与此不同，游戏的世界具有一种无辜的氛围，虽然在游戏中也行使权力，但是是以嬉戏的方式，并无延续性影响。人们可能精力充沛地

3

玩游戏，不过在地球上并不留下永久的痕迹。在老练成熟的社会，工作和游戏的区分等同于经济领域同美学或文化领域的专业化区分。经济领域意味着斗争——需要控制和支配；文化领域与此相反，有一种开化的风平浪静，既远离对必需品的负担，也远离对权力的热衷。

毫无疑问，就体力而言，在工作世界耗费的远比游戏世界的多，在经济领域耗费的远比美学文化领域的多。然而如果我们将权力设想为自觉意识到的占有，将身为主宰者设想为自觉意识到的需要，那么工作和游戏、经济活动和文化活动的区分便不太清晰。想一想建筑工地上的指挥两三辆推土机的工头，以及用几把锋利的工具和金属丝"俘虏"荒野并将它限制在一个上釉花盆中的艺术家兼园艺师，比起园艺师，工头是不是更有权力、更有支配性的人物？如果比较移动土壤的分量，答案当然是肯定的。工头主宰自然，但是我们不能如此评判艺术家兼园艺师。不过站在个人感觉的立场，难以评说比起微型园林的缔造者，建筑工地的工头更能控制自己的生活和世界。我们确实可以争论说艺术家或园艺师是更有权力的人物，他更想支配自己的世界。理由是作为个人体验的权力必须由自由意愿释放；在美学和文化领域比在实际事务领域，更可能发生对意愿的嬉戏式运用。

同从事实际事务的人相比，园艺师只是稍微改变地球。但他们还是改变了。诸如吟诗作画、描绘风景等其他美学活动，对自然和社会没有任何显而易见的直接影响，不过还是存在归纳——因此指挥和控制——的冲动。诗人观察自然并在诗歌中捕捉自然的本质。将外部事物带入人类世界，用词语修饰，以合辙押韵的次序安排。显而易见，绘制风景画是信心十足的融汇行动。在画布或是纸上挥毫，捕捉山岳河流这类使人类显得极为渺小的自然奇观。为"捕获"的自然装裱加框，悬挂在房屋的墙上，供人观赏，或做成令人惬意的背景（一抹荒野），跻身于并然有序的社会生活。并非巧合的是，风景画出现在文艺复兴时期的欧洲，当时欧洲人对自己的城市以及人对自然的征服非常自豪；在中国，风景画流行于宋朝（960—1279），这个时代以商业和经济生活前所未有的扩展而著称。

权力会被滥用。在工作世界这一滥用最惊人的表现是对自然和人类的伤害。可用来衡量的手段引人注目：为修路砍伐了成千上万英亩森林，为采掘银矿或煤矿奴役的民工数不胜数。在游戏的世界，对权力的滥用在量变上不如质变一目了然——为美学目的以各种方式扭曲植物、动物和人性；以各种方式让动物和人——作为宠物和玩物——被迫失去尊严，受到凌辱，而不单是遭受身体的痛苦、缩短寿命和死亡。然而，服从过度的训练

4

和过分的纪律必然感觉痛苦；至于缩短寿命和死亡，我们将在以下章节中谈到，王公贵族们受到如此强烈的诱惑，要将他们的宠物（植物、动物和人）压缩成缺乏生气和机械玩具之类的仿真物体——变成只有无生命之物才能达到的冻僵式完美。

******

关于在经济和实际生活领域运用和滥用权力，已经有为数众多的著作。但是关于在美学和文化领域内以类似方式运用权力，尚且著述寥寥；我们已经指出，原因之一是我们趋于将权力和支配同愉悦、游戏和艺术世界分离。由于美学活动中的欢喜成分，我们很容易做出这种分离。当我们喜欢草木，即使喜爱之处在于将枝干扭曲成叉角羚的形状，如何能说我们虐待草木？如果人们培育长着功能丧失的肿泡眼的金鱼变种，很好地照料金鱼并以高价出售，可以将这种行动称作残忍吗？18 世纪的贵妇养个黑人男孩当作宠物，这是正当之举吗？她认为是正当的。她难道没有给男孩穿上考究的服装，并给予他特权吗？当然如今我们中的一些人会持不同意见，争论说他的宠物身份，甚至贵妇的宠爱和纵容，都会削弱男孩的尊严。感情会缓和支配，使支配变得柔软并易于接受。不过只有当关系不平等时，感情本身才可能存在。这是人对能够关照庇护的事物表达的温暖之情和优越感。关照（care）这个字散发着仁慈，以至于我们乐于忘记，在我们并不完美的世界上，关照几乎不可避免被庇护和屈尊俯就而玷污。

在教室里和学术论著中，"人（man）在改变地貌中的作用"是个流行的主题。这个主题关注权力和支配；man 是个正确的字眼，因为不论后果如何，是男人而非女人造成了几乎所有或好或坏的重要变化。同样流行的是有关园艺的故事，尽管涉及这个主题的著述所吸引的读者十分不同，但是对于这些读者而言，园艺只是一种艺术形式，与权力游戏毫无关系。在此书中我将尝试表明这种观点是错误的，如果我们不把权力置于接近中心的位置，我们就无法理解游乐花园的性质。繁殖和训练宠物，建立动物园，以及家庭奴仆和表演者的故事是其他主题，每个题目都产生了专门性著作，每个题目都有自身的读者，所有题目都被认为同园林的故事关系不大。我将指出这种看法是不对的。这些主题是密切关联的，脱离其他题目的背景就无法真正理解任何题目。此外可以将所有这些主题置于"人在改变地貌中的作用"这个广阔的经纬之下。权力将这些主题联系了起来。

从事园艺、喂养宠物，以及被称为感情的感觉曾是清白无辜的，这种感觉发生了什么？它们是否现在都因为权力而成为一丘之貉？它们是否都被支配的冲动玷污？是的，但是权力和支配以不同的方式展现：有些无辜甚至有益，有些凶狠残忍，不过大多数既必要又是善恶兼具的混合物。为了评价权力在美学和文化领域的运作，我们也需要在其他领域的背景下观察权力残暴而且无所不在的运作。在这种广泛的背景下，我们可能得出结论，认为制造和维持宠物终究是一种相当无害的事业。这个事业常常有利于主人，在较低而且有争议的程度上有利于宠物，无论如何都不可避免。

1　Pitrim A. Sorokin, *The Ways and Power of Love* (Boston: Beacon Press, 1954).

2　Lewis Mumford, *The Myth of the Machine*: *Technics and Human Development* (New York: Harcourt, Brace and World, 1967).

第二章

权力和支配

权力／力量本身是好的。换言之它意味着活力和效 7
率，是所有动物都希望的生存状态。不论在自然、我
们自身，还是我们的工作中，我们都崇尚力量。雷雨交
加是壮观的，令人肃然起敬。正如见到运动员非常优
雅地从横杆上一跃而过，泉水轻松奔涌的场面使人愉
快。当在盘山路上，赛车灵敏轻松地用强马力回应我们
触碰油门的动作，我们感觉很惬意。在艺术界**强有力**
（powerful）是高度赞赏的用语。因此我们用释放出强
大力量来形容一部交响乐、一幅画，或是一首诗。另一
方面，在批判性词汇中，**乏力**是最严厉的谴责字眼；严
肃艺术家宁愿他的作品被评价为丑陋，而不是乏力。

但是在西方社会，尤其在我们的时代，权力／力量
变成了一个很可疑的字眼。在社交和政治圈子中提到权
力使人立刻想到滥用和腐败的可能性。在艺术家中这个
字引起的不信任或许最微乎其微。尽管有句格言说诗人
是世界的立法者，但他们通常被视为无权无势的人物，
他们改变世界的能力受限于他人一时的情绪和感觉。像
所有制造者一样，诗人为了创造必须有所毁灭。但是他
们仅仅毁灭纸片而已，即使证明完成的诗篇并不神圣，

他们造成的损伤也无关紧要。一般而言，我们认为完成的人工制品理所当然胜过因此被毁弃之物。每个罐子都优于制作它的陶土。艺术的奇观至少部分来自对消费的材料和创造的材料之间不合比例的感受，对从托斯卡纳山坡上搬来的一块大理石和米开朗琪罗的雕像《大卫》的感受有天壤之别。

人们不愿承认毁灭性行动本身能够引起快乐。为了做煎蛋卷必须弄碎鸡蛋；弄碎本身使人愉悦。毁灭是力量，是显示效率的戏剧性方式。乔治·桑塔亚那*说，"对于活力来说，击倒一物……是一大快事"。[1]当父母看着他们的婴儿做出第一个创造性行为，击倒一堆积木时，他们表示赞许。婴儿的协调性不好，无法建造，可能他们看到成人建造时很羡慕；但他们总会兴高采烈地挥舞手臂，使一碗豌豆从托盘上飞散，以此显示效率。

即使当儿童长到能够建造东西，他们仍旧保留对毁坏的钟爱。科林·威尔逊（Colin Wilson）**指出，"很多儿童钟爱刀子"，他们感觉"绷紧的皮革表面几乎在邀请利刃来切割"。同一种毁坏性冲动引导儿童"用沙堆建复杂的水库，在水库中灌满水，然后在一面库

---

*　乔治·桑塔亚那（1863—1952），西班牙裔美籍哲学家、诗人和文学批评家，为美学和思想哲学作出重要贡献。

**　科林·威尔逊（1931—2013），英国作家，已出版著作多部，内容涉及社会学、哲学、犯罪学、文学批评诸领域。

壁上挖个小孔，高兴地看着水流冲垮沙墙"。[2] 成年人习惯于压制这种冲动，而且很少对冲动供认不讳，威廉·冯·洪堡*正是很少的例外，他说："力量势不可挡的场面总是最强烈地吸引我，即使我本人或是我最珍贵的快乐被淹没在它的漩涡中也在所不惜。当我还是个孩子——我的记忆栩栩如生——我见到一辆马车在拥挤的街头疾驰，行人四散逃避，马车不以为意，并不减速。"[3]

约翰·厄普代克（John Updike）**问道："谁人不为失火、坍塌、朋友们的败落和死亡而兴高采烈?"[4] 我们中很多人可能如此而为，但是不能承认这种感觉。然而战争允许暴力。在传统战争中并非所有人都是牺牲者。对于那些进行摧毁以及旁观毁灭的人们，战争的剧场提供身体上的解脱和感官上的美学乐趣。格伦·格雷（Glenn Gray）认为"那些曾目睹人们在战场上炮击、曾直视刚结束杀戮的老牌杀手的眼睛，或是研究了描述投弹手在摧毁目标时如何感觉的人"，不可避免会得出这个结论。至于感官和美学乐趣，"有些战斗的场面同海上风暴、大漠落日，或是望远镜中看到的夜空如出一

* 威廉·冯·洪堡（1767—1835），德国著名教育改革家、语言学者及外交官，柏林洪堡大学创始人，主要著作有《论国家的作用》等。
** 约翰·厄普代克（1932—2009），美国著名小说家、诗人，著有兔子系列、《夫妇们》等50余部作品。

辙，能够威慑一个人，使之如中魔咒"。[5]

历史充斥着以毁灭为荣、为力量自豪的血淋淋的陈述。一个早期的突出例证是辛那赫里布夸耀将巴比伦夷为平地。辛那赫里布（公元前705—前681）是萨尔贡*之子，亚述之王。"我从上到下毁灭、蹂躏、焚烧了这座城市和城中所有房屋。城墙和外墙，庙宇和神明，砖泥修建的庙楼，我尽数把它们统统夷为平地，扔进阿拉图海峡。我用水冲洗城市遗址，使这里比洪水袭击后还空无一物。"[6]毁灭是创造进程——创造新城或新文明——的一部分。苏美尔人（但是也包括亚述人和罗马人）似乎承认这一点。他们感觉需要在空地上重建，那里没有失败者的残迹，也没有复仇的魂灵游荡。此外，尤其是苏美尔人等古代人认为建立文明本身不仅牵涉秩序与合法行为，也包括恶行（有计划的恶）、谬误、暴力和压迫。苏美尔神明本质上不在乎道德，他们创造的城市在生存的核心部分具有这种非道德性。[7]

生命是力量——一种通过吸纳他者维持自身并生长的力量。没有死亡和毁灭便无法设想生命。贝尔热雷先生是阿纳托尔·法朗士（Anatole France）**的小说《当

---

* 即萨尔贡二世（前722—前705年在位），开创亚述帝国（前935—前612年）的萨尔贡王朝，统治两河流域。

** 阿纳托尔·法朗士（1844—1924），法国作家、文学评论家和社会活动家，1921年获诺贝尔文学奖。

代史》(*Histoire contemporaine*)中和善的主角，他说，"我宁愿认为有机的生命是我们这个不可爱行星上特定的弊病。相信在无限的宇宙中除了吃和被吃，此外一无所有，这实在不可忍受"。[8]厄内斯特·贝克尔（Ernest Becker）*请我们思索自己在一生中有机吸纳的所有活物。这会是何等场面呢？"一个厨师，甚或一个普通人的眼前也会挤满成百上千只鸡，成群的羔羊和绵羊，一小群食用公牛，满圈的猪，满河的鱼。单凭喧闹声就会震耳欲聋。"[9]

进餐是必要而且令人愉悦的活动，是在享受食用之物。换言之，吃是对爱的表达，爱便是吞食。吃的字面意思以及比喻用法是我们希望吸纳我们爱的东西。在慷慨激昂的瞬间，契诃夫感叹道："大自然是一件如此奢华的东西！我可以拿过她来吃光……我感觉可以吃掉一切：干旷草原、外国和一本好小说。"罗伯特·勃朗宁（Robert Browning）**说他对花朵树叶的爱是如此深切，他时常对不能彻头彻尾地占有它们感到不耐，因此想"把它们嚼成碎片"。[10]切斯特顿（G.K. Chesterton）***

10

---

* 厄内斯特·贝克尔（1924—1974），出生于美国的加拿大文化人类学家、科学思想家和作家。

** 罗伯特·勃朗宁（1812—1889），英国诗人，剧作家。

*** 切斯特顿（1874—1936），英国作家、文学评论家。

坦承，地质博物馆里某些浓艳的暗红色大理石和一些蓝绿色切割石使他希望自己的牙齿更为强劲。巴博莱昂（W.N. P. Barbellion）*思考切斯特顿的愿望并冷酷地总结道："所有的真爱都包括占有，所有真正的占有都不缺少食用。每位情人都是掠夺的兽类，如果敢作敢为，每个罗密欧都会是个食人族。"[11]

宏伟壮观的文明无非是饱食地球资源的文明，此外又是什么呢？文明的一个区分符号是挥霍浪费（extravagance）——对消费和产品有着贪婪而且似乎无法满足的胃口。但是当我们思考整个社会和文明时，不会轻易想到挥霍浪费这个词。不朽的宫苑和庙堂、剧场和公园、画廊和图书馆、商店和市场、高架渠和高速路，它们诉说着人类的成就，受到敬仰，被引以为傲。在古罗马，甚至当圆形大剧场已经半空，为何血腥并昂贵的角斗还要继续？为什么需要这类娱乐？再进一步，为什么需要圆形大剧场本身？很少人敢于提出这些问题并追究到合乎逻辑的终点，因为这是在质疑文明本身的基础。

个人生活方式的挥霍浪费不时引起评论和反对。当一个人大吃大喝，长得很胖，活在自己富富有余的一桶

---

* 巴博莱昂（1889—1919），英国作家。

脂肪中，旁人只需些许敏感就会对他侧目而视。挂满珠
宝首饰的身体也会招来讥笑。当对一座房屋挥霍浪费
时，人们比较容忍，或许因为房屋虽然属于私人，能装
饰公共景观。但偶尔也会听到批评。塞涅卡（Seneca）*
写信给一位朋友说，只需要看看某些前奴隶的浴池：
"看看他们的一排排雕像，看看他们那些不支撑任何东
西，只是作为装饰，就是为了花钱才树立的圆柱。看看
一层层飞溅而下、发出响声的瀑布。我们实际上变得如
此挑剔，除了宝石不愿踩踏任何东西。"[12]

　　塞涅卡谴责的这类挥霍浪费在所有文明中都司空见
惯。在 17 世纪的英国，诺福克公爵有十处宅邸，"在诺
维奇城的每个中心各有一处，在英格兰的四个县份都有
城堡，在伦敦有诺福克府。一个伯爵有九座宅邸，一个
男爵有八座。"[13] 当然这些豪宅主宰景观，明白无误地诉
说着主人的权势。如果不使人们无时不感觉到他们的存
在，地上的领主如何统治呢？但是并不仅仅如此。似乎
王公贵胄的本性在于超越实际的政治和计算。当权力变
得强大，它会无拘无束、挥霍浪费、心血来潮。否则为
何朗斯代尔伯爵五世为他的娄瑟城堡（Lowther Castle）
修建了 365 个房间？同样，为何布里奇沃特公爵拥有

11

---

* 塞涅卡（约前 4—65 年），古罗马政治家、斯多葛派哲学家。

365 双鞋子？为什么温特沃斯的林屋有个室内溜冰场？为何艾克塞特爵士需要四个宽大的台球厅，以及为什么在沃本要有 20 架钢琴，却从来无人弹奏？[14]

人类本身是地球的产物，可以通过各种方式剥削和消费。当征服者占领了一个国家，必须决定如何处置被征服者。一种极端之见将被征服者视为无法同化的无关紧要之物，就像野兽和树墩，消灭掉就是。另一种更注重经济的看法将被征服者视为可以掠夺的价值不同的物品。古代罗马人的征战反映了后一种观点。正如贝特朗·德·茹孚纳（Bertrand de Jouvenal）写道："他们挑起战争是因为贵金属和奴隶唾手可得：当更多财富和劫掠的牺牲品随执政官而来，他的胜利得到更高声的欢呼。都城和行省关系的基本特征是征收贡物。罗马人将征服马其顿的日子视为一个标志，从此之后自己的生活便可能完全依赖被征服行省缴纳的税收。"[15]

当中亚的游牧民族攻占南方的农业邻国，在早期阶段他们采取极端手段，有条不紊地屠杀所有农民，将耕地变为牧场。后来到公元 4 世纪，建立后赵的匈奴首领石勒主张在中原建立一个军营，并将整个中原视为一个"猎场"。这两种策略都受到猛烈抵抗，既不能将战败的中原人全部杀光，也无法轻易掠夺他们。对于征服者，一个有可能长期成功的解决之道是建立一个当地模式的政府，有权系统性征税和征发劳工。这种办法将被征服民众作为用途广泛的资源。[16]

在近代之前，权力/力量主要意味着有组织的人力。以人作为零部件的机器修建了宏大的城市和公共工程。有时候会征用成群结队的劳力。根据汉朝时的碑刻，在公元 63 到 66 年，为修建一条驰道而征用的民夫达 76.68 万人。隋朝时征用了百万男女修建大运河（604—617）。即使在人口众多的国家，这种规模的强迫征募也严重破坏了农耕，使各地民不聊生。疾病和意外引起的死亡比比皆是。显然农民的生命贱如草芥。在各个时期，当权力的滥用达到骇人听闻的程度时，缘由会被记录下来并载入史册。例如在北魏，当时的达官贵族认为修建和资助佛教庙舍是积德行善。到公元 534 年，洛阳的佛寺佛堂有不下 1367 座。一位虽虔诚却残忍的官员下令修建了 72 座佛寺，耗费了众多民夫和牲畜的生命。一名僧人责备他，官员答复说子孙后代将见到这些佛寺并深感叹服，而死去的人和公牛则无人知晓。[17] 还可以从欧洲众多的事例中选取一件，以下是关于修建凡尔赛宫时所消耗工人的冷酷陈述。德·赛维涅侯爵夫人（marquise de Sévigné）* 在 1678 年 10 月 12

---

*　赛维涅夫人（1626—1696），法国著名作家，所著《书简集》反映了路易十四时代法国宫廷和上层贵族的生活。

日写道：

国王想在星期六前往凡尔赛，但似乎天主的意愿不同，因为不可能使宫殿达到适于接待他的状况，也因为有众多工人死去。每晚都有一车又一车的工人尸体被拉走，好像这里是医院。为了不惊吓其他工人，人们得尽可能使这些令人悲伤的进程秘密进行。[18]

同权力的接触往往以死亡告终。一度的活物变成无生命的东西。因此树木变成桌椅，动物变成肉和毛皮，人在战争中成为尸首。当避免了死亡，树木成为盆栽，动物变成驮兽和宠物。那么人呢？面对权力，他们成为"动物""物件"，或是玩物。在君主面前，人臣应如何表现呢？在专制主义的极端形式下，臣民像动物那样四肢着地，匍匐向前，叩头吻尘。在古代夏威夷，政治权势足以威慑平民，使他们在统治者面前爬行。在印加帝国时的秘鲁，即使品阶最高的达官贵人在接近君主时也像动物一样弓腰弯背，好像背负着贡品。在征服前的墨西哥，在所谓学苑里传授的礼仪形式就是匍匐在王族面前。自从大约公元前1000年的周朝初年以来，中国的臣民就要对君主叩头。根据卡尔·魏特夫（Karl Wittfogel），在近东对匍匐在地的重要性多有记

13

载："在法老统治之下的埃及，典籍形容整个国家'匍
匐'在国王的代表面前。展示忠诚的下属如何爬行、亲
吻（或是吻嗅）君主的味道。"[19]

　　君主或是大人坐着。埃利亚斯·卡内蒂（Elias
Canetti）认为坐姿诠释延续的权力和尊严。我们期待
坐着的人仍旧坐着。他的重量向下的压力肯定他的权
威。老爷坐在椅子上，"椅子从宝座演化而来，宝座的
先决条件是臣服的动物和人类，它的功用是承担统治者
的重量。椅子的四只脚代表动物的四条腿"。[20] 此外护
卫在宝座旁站立不动。站着不动意味着护卫是物件，是
被使用的工具。在统治者面前匍匐在地的臣子，是被降
低为动物的人。

　　我们现在看来，古代对权力和奴役的表达似乎荒诞
不经。但是它们的遗迹在我们的世界仍旧绵延不绝。人
们还用"舔靴子"作修辞用语。马尔科姆·马格里奇
（Malcolm Muggeridge）回忆说："不论何时当我想起
这个无限有趣的题目——权力的事例和运用——一个例
子总是浮现在脑中。很久以前在 30 年代，我在维也纳
的一个咖啡馆里喝饮料，和我一道的是某类自由记者，
他并不专指任何事，十分随意地反复斟酌说，'我有时
候不知道是否自己舔对了靴子'。"[21] 德斯蒙德·莫里斯
（Desmond Morris）评论说，在现代西方大都市，一个

男人仍旧可能坐在宝座上让人舔他的靴子。他说的是坐在高椅子上，一个跪着的人为他擦靴。[22]

众人经常被降低成粗糙的自然，自然存在是为了供文明因自身的荣光而消费。在等级制社会只有被选中者才能得到这一荣光，主要由奢侈品（luxury）构成。奢侈品是什么？让-保罗·萨特争论说，纯粹形态的奢侈品只存在于贵族和农业社会。本质上它们是稀有的自然物品。确实，自然的产物必须被人发现、运输和精心加工，在此过程中它们成为人工制品。但是萨特争辩说，一旦人类劳动同自然接触，便即刻被降低为自然活动。"在王公眼中，下海的采珠人同用鼻子拱出松茸的猪相差无几；花边匠人的劳动从未将花边变成人工产物，反而使花边匠人被花边束缚。"

萨特说："贵族食用自然，他消耗的产品应该闻起来有点像内脏或是尿液。"对于有品位的人，真正的奢侈品在炫耀的外表之下应该有"生物的肉体、粘连、谦卑和有机奶制品的味道"。机制的花边永远不能令人满意地取代真品，因为它无法替代花边匠人"持久的耐心、谦逊的品位，以及被工作损毁的视力"。[23] 即使在今天，当人们崇尚只有高科技才能获得的那种完美，真正的奢侈品仍旧必须沾染些许人类的汗水和有机物。例如沃特福德水晶（Waterford crystal）的制造商们做广告说他们的产品"是火中诞生的火，用嘴吹出，完全手工切割，包含心血"。或许更耳熟能详的是劳斯莱斯汽车的吹嘘："在后座上，你可以拧开供个人阅读的顶灯，听着音响，或是仅仅靠在椅背上，合上双眼，厚厚的威尔顿地毯的暖意，手工磨制的栗木镶板的美丽，以及精美的康诺利皮革的味道会提醒你，你置身一个私密的世界。至少需要四个月才能制造一辆这样的汽车，因为它由手工制造，非常经久耐用。"瑞典的沃尔沃汽车制造商也在广告中强调人类劳动："车身的每块金属板都用手工仔细装配；每道接缝都手工擦亮……木镶板用手工打磨出优雅的光泽。""手工擦亮"和"手工打磨"意味着并非润滑油或者某种化工产品，而是人类的体汗给予金属板优雅的光彩。

　　萨特提到的采珠人潜入海中，采回珍珠，珍珠却不属于他，不由他处置。他的作用就跟鱼鹰一样。自从 12 世纪开始，中国人就训练鱼鹰下河捕鱼；在它的脖子上勒个环，防止吞下捕到的鱼。人类不仅是人手（hands）和驮兽（beasts of burden），也是灵巧的动物，有权势的人可能发现摆布其他人十分有趣。例如在 20 世纪初，经过亨格福德桥的行人通常将钱币扔到淤泥恶臭的泰晤士河岸上，观看穷人的孩子潜入泥中寻找它们。这些孩子被称为清沟工（mudlarks）。这个游戏

15

具有更开化的形式，即豪华邮轮的乘客们将钱扔到靠近
热带岛屿的明澈浅水里，观看近乎裸体，柔韧如海豹或
海豚的当地人，他们为了微不足道的奖赏跃入水里。

当人被视为逗趣的表演动物时，屈尊俯就和虐待狂
式的嘲弄（sadistic taunt）之间的界线便含混不清。健
康年轻的岛民为了钱币潜水入海，他们大约并不觉得
屈辱；他们可能认为自己做的是那天的工作，甚至是娱
乐。邮轮乘客可能认为自己只是将慈善和一点无害的乐
趣合二为一。然而造就这类游戏的权力结构可以导致其
他远非如此无辜的游戏。想一想以下的故事，讲述者是
11 岁的西奥多·罗斯福。内战后富有的美国人惯于周游
欧洲，在一次这类欧洲畅游中，罗斯福一家遇到一群意
大利乞丐。童年罗斯福高兴地报道说："我们向他们抛
掷蛋糕，像喂鸡那样用小块蛋糕喂他们，他们像鸡那样
吃。史蒂文斯先生（一个旅行同伴）用鞭子防卫，他假
装去抽打一个小男孩。我们要他们张开嘴，把蛋糕抛掷
进去。在给蛋糕之前，我们要乞丐群为美国向我们欢呼
三声。"24

******

权力可以将人降低为有生命的自然，如此便可以为
了某种经济目的剥削他们，或是居高临下地将他们视为

宠物。然而从权力的立场看，有生命的自然仍是不完美的。精力充沛的存在是不完美的，因为它移动并呼吸，它具有一种自己必须听从的生物学节奏，它具有自身的意愿，虽然可以使它畏缩，但永远无法彻底击败它。为了使权力享受一种优越的控制意识，必须将人降低成欠缺生机的东西，降低成无生命的自然——机械物品。各种文明不同程度地力图在工作、战争和享乐领域为精英阶层提供这种权力秩序。

　　人如何在工作领域变成机器是个被人反复讲述的黑暗故事。为了从事抬起石块这种繁重工作，必须将工人组成队伍；他们必须手脚一致行动，好像是机器上的撬杠和杠杆。从事繁复的工作尤其还得涉及其他地方的活动，必须精准规划时间，以便克服与生产所需不同步的生理冲动和节奏。在西欧，14 世纪时生产商（受到修道院的启发）开始鸣钟规定工人的工作日程。尤其在手拉鸣钟被机械钟取代之后，反对鸣钟开工的抗议和起义屡屡发生；机械钟力图将一天精确地分成 24 等份。以雅克·勒·高夫（Jacques le Goff）*之见，"也许能够确定是否危机频发的纺织工业所在地或多或少恰与使用机械钟表的地区重合"。[25] 用钟表和制造机的机械时间管理

16

------

* 雅克·勒·高夫（1924—2014），法国年鉴学派新史学第三代代表人物，研究领域为西方中世纪历史。

人类活动日益成为西方生活的特征，并因无视人类"齿轮"之生理需要的工厂生产线而达到顶峰。但是人类工人不像齿轮那样完美；他们必须上厕所。工厂主和监工们的态度和行为会使工人们感觉自己是引擎上薄弱不牢靠的部件，否则的话这部引擎能够完美运转。26

在军事领域，士兵是战争的工具，是战争机器的部件和炮灰。在这个领域，将人类降低成无生命机械的程度是如此极端，因此不能将这里对士兵特点的概括仅仅视为修辞。训练士兵的传统步骤类似于训练表演动物的程序，但是有关精准的理想程度远远超过动物能力所及，只有机器能够实现。队列中行进者的步伐必须整齐划一；理想的操演队列要尺子般笔直。彼得·克鲁泡特金报道的一个事例或许最好地说明了这种无生命的完美理想。克鲁泡特金观察评论说，在沙皇尼古拉一世统治下，对于一位受人敬仰的军人，"他手下的士兵受训用腿和步枪表演几乎超人的把戏；他能够在游行时展示一列像玩具兵那样排列完美、纹丝不动的士兵。一次在命令一个团队举枪致敬达一小时之后，米哈伊尔大公 * 评价说'很好，美中不足是他们在呼吸！'"。27

在享乐方面，王公贵胄表明，他们偏爱的挥霍浪费

---

* 米哈伊尔大公应指尼古拉一世之子米哈伊尔·尼古拉耶维奇（1832—1909）。

不仅是装饰华美的宫阙园林，云集的侍从（有些是专职的弄臣），他们还喜欢用机械玩具模仿有生命的自然；后一乐趣不太常见，因此不太为人所知。尽管活的有机物提供各种物品和服务，但在王公贵胄看来，有生命的自然仍旧缺少无生命事物的可预见性和一无所求的特点。当有仆从和奴隶在场，甚至动物宠物在场时，不论他们如何微不足道，王公贵胄仍旧明了自己并非唯一有意识的活物。因此他们要从机械玩具和机器仆人身上感受满足。

我们来考虑以下两个例子（以后我们还会举其他例子）。13世纪中叶，一个法国艺术家兼工匠为蒙古可汗的宫廷建造了一个很大的银喷泉，状如一棵树，从安置在树叶中的狮子嘴和龙嘴里喷出四种饮料款待宾客。树顶上是一个可以吹喇叭的机械天使。然而就这个喷泉而言，艺术家兼工匠的机械造诣却没有达到他自己和他恩主的期望。虽然天使的手臂可以移动，却需要一个藏在后面的奴隶来操作，当要喷泉流出饮料时，需要更多奴隶藏在宫殿大堂顶棚的下面，用长管子倾倒酒类。为什么人类奴隶要躲起来？为何他们不能公开从事这些简易的任务？他们原本能够，但是以其主人之见，需要呼吸的人类奴隶缺乏艺术品那样永恒的完美。

第二个例子引自中国，回溯到7世纪初年。为了供隋炀帝及其宾客享乐，臣民们建造了荡漾在弯曲环绕的河渠中的小舸子。有些船上有木人。船每到宾客前便停住，木人伸手奉上一满杯酒。宾客取酒饮毕还杯，木人受杯，回身向手捧酒钵之人取勺再斟满酒杯。船即刻向下一处行进。显然所有这些运作都靠机械装置，无需暗中使用隐藏的人力。[28]

1　George Santayana, *Reason in Society*, vol. 2 of *The Life of Reason* (1905; reprint, New York: Dover Publications, 1980), 81.

2　Colin Wilson, *Origins of the Sexual Impulse* (London: Arthur Baker, 1963), 167.

3　Wilhelm von Humboldt, *Humanist Without Portfolio* (Detroit: Wayne State University Press, 1963), 383–84.

4　John Updike, *Picked-Up Pieces* (New York: Knopf, 1975), 89.

5　J. Glenn Gray, *The Warriors: Reflections on Man in Battle* (New York: Harper Torchbooks, 1967), 51.

6　Daniel David Luckenbill, *The Annals of Sennacherib* (Chicago: University of Chicago Press, 1924), 17.

7　S. N. Kramer, *The Sumerians: Their History, Culture, and Character* (Chicago: University of Chicago Press, 1963), 125.

8　Theodor Adorno 引用, *Minima Moralia: Reflections from Damaged Life* (London: NLB, 1978), 78。

9　Ernest Becker, *Escape from Evil* (New York: Press, 1975), 1–2.

10　F. L. Lucas 引用, *The Drama of Chekhov, Synge, Yeats, and Pirandello* (London: Cassell, 1965), 13。

11　W. N. P. Barbellion, *Enjoying Life and Other Literary Remains* (London: Chatto and Windus, 1919), 107.

12　Seneca, *Letters from a Stoic*, trans. Robin Campbell (Harmondsworth, Middlesex: Penguin Books, 1969), 146.

13　Peter Laslett, *The World We Have Lost* (New York: Scribner's, 1971), 65.

14　Roy Perrott, *The Aristocrats: A Portrait of Britain's Nobility and Their Way of Life Today* (London: Weidenfeld and Nicolson, 1968), 202.

15　Bertrand de Jouvenal, *On Power: Its Nature and the History of Its Growth* (New York: Viking, 1949), 101.

16　Wolfram Eberhard, *Conquerors and Rulers: Social Forces in Medieval China* (Leiden: E. J. Brill, 1965), 122–23.

17　芮沃寿:《隋朝》(Arthur F. Wright, *The Sui Dynasty*), New York: Knopf, 1978, 49–50。

18　Giletter Ziegler, *The Court of Versailles in the Reign of Louis XIV* (London: George Allen and Unwin, 1966), 30.

19　卡尔·魏特夫:《东方专制主义》(Karl Wittfogel, *Oriental Despotism*), New Haven: Yale University Press, 1957, 152–53。

20　Elias Canetti, *Crowds and Power* (New York: Seabury Press, 1978), 389–90.

21　Malcolm Muggeridge, *Things Past* (New York: Morrow, 1978), 71.

22　Desmond Morris, *Intimate Behavior* (New York: Random House, 1971), 158.

23　Jean-Paul Sartre, *Saint Genet* (New York: Braziller, 1963), 360–61.

24　David McCullough, *Mornings on Horseback* (New York: Simon and Schuster, 1981), 88.

25　Jacques le Goff, *Time, Work, and Culture in the Middle Ages* (Chicago: University of Chicago Press, 1982), 49.

26　见 Harvey Swados, *On the Line* (Boston: Little, Brown, 1957) 书中的短篇故事。

27　P. Kropotkin, *Memoirs of a Revolutionist* (1899; reprint, New York: Horizon Press, 1968), 10.

28　李约瑟:《中国科学技术史》(Joseph Needham, *Science and Civilization in China*), vol.4, pt.2: "Mechanical Engineering," Cambridge: Cambridge University Press, 1965, 132, 160。

第三章

权力的花园，反复无常的花园

"我们是大地产物不容置疑的主人。我们享受山峦
平原，江河属于我们。我们播下种子，栽种树木。我们
为土地施肥。我们阻塞河流、指引流向、使河流改道；
简而言之，靠我们的双手以及在世界上的各种运作，我
们努力使自然面目全非。"[1]西塞罗如此大胆、基调如此
现代地宣布的观点，就是人类的支配，在前现代时期，
不论在古典地中海世界还是在其他发达文化中，实际上
这类表述极为罕见。更加司空见惯的看法认为，尽管人
类以自然为代价建立了种种建筑和工程伟业，但是人基
本服从宇宙次序，这意味着在宏观层次上服从星辰的运
行，在微观层次上服从地方的神灵，即掌管特定地点的
精灵。游乐花园比任何地方都最锲而不舍地坚守这种信
念。游乐花园象征天真无邪。这是个极乐园，园中住着
满足的男女，无需工作，没有纷争。在基督教艺术和文
学中，花园体现堕落之前的状态。但是不知为何，花园
同城市相反，没有被认为是人工制品。尽管种种证据表
明其中有人类的思索和劳动，花园却被看作好像是自然
或天主的礼物。

当然花园——游乐花园——本身是人工制品。我们

甚至可以争论说比起耕地和村庄，它是人类意愿的更纯粹体现；因为与耕地和村庄不同，花园并不提供必需品。无需赘言，只有对那些已经满足了更迫切需要的人们来说，游乐花园才是合乎情理的现实。游乐花园是精神的游戏——对富余力量的嬉戏式使用。也可以将富余的力量用于诸如体育和比赛、绣花和绘画以及抽象思维。不过作为一种自愿的行动，从事园艺之所以重要有两个原因。其一，花园是个可以居住的小型物质世界，而不仅仅是转瞬即逝的努力，不是纸上的规划，或者头脑沉思的对象。其二，与绘画和雕塑不同，花园需要耗费心力、有条不紊地维护，否则便会重归自然。使花园保持完美要求不间断的小心谨慎。对几乎所有花园这都真实无误（或许除了几个只有雕塑的公园），尤其对广阔的规则式花园更是千真万确，那里精准的轮廓反映了人类全然统治时空的愿望。当路易十四拨款维护马利庄园（Marly estate）的费用减少，从 1698 年的每年 10 万里弗下降到 1712 年的不到 5000 里弗，不难想象庄园的迅速损毁。

由于无辜的游乐氛围、精妙美学以及宗教意味，花园以运用权力为根基的事实被成功掩盖住了。如何运用权力？首先是拆毁。在创造任何东西之前都必须毁灭。我们认为理所当然的是，在任何艺术性努力中，完成的作品能绰绰有余地论证在毁灭前必定存在的东西。但是为了建造一个大型花园，毁灭和搬迁的东西可能本身具有很高的人文价值——比如说农庄和村庄。孟子对当时大量兴建园林颇为不满。他认为这是统治者失德的证据。孟子观察评论说：*

　　尧舜既没，圣人之道衰，暴君代作，坏宫室以为汙池，民无所安息，弃田以为园圃，使民不得衣食，邪说暴行又作，园圃汙池、沛泽多而禽兽至，及纣之身，天下又大乱。[2]

　　景观规划是幻想的事业，需要不受拘束的新开始，必须首先去除存在的一切。例如在 17 和 18 世纪的英国和法国，达官贵人着魔于风景园艺，不论何时何地都会为准备场地作出毁灭性壮举，有时规模浩大。在英国，农村经济的转化迫使人们流离失所，引起极度苦痛，激发了文学性悲叹，引人注目的是奥利弗·哥尔德史密斯（Oliver Goldsmith）的长诗《荒村》(*The Deserted Village*)。不仅简陋的景观被毁灭，当老花园不再时兴时也被拆除，改造翻新为新景物让路。从 18 世纪 50

20

---

*　出自《孟子·滕文公下》第九章。

年代到 1783 年去世之前，兰斯洛特·布朗（Lancelot Brown）* 是名高产的英国园林设计师，以创造宁静的景色闻名，但他却有一种残忍的性情。面对规则式老花园，布朗以及勉强算是他后继者的汉弗莱·雷普顿（Humphrey Repton）** 像野蛮人那般行动，拆毁了布伦海姆宫（Blenheim）*** 的座座宏伟花坛以及无数树木林立的街道。[3]

强大的权势往往反复无常，这本身可能是厌倦无聊的症状。毁灭并非持续的建设性努力的必要准备步骤，可能因为躁动不安、漫无目标地追求新奇而屡屡重复。因此在马利庄园，只是为了取悦上年纪的路易十四和他的朝臣，被称为绿屋的丛林园（*bosquet*）被不断推倒重建。广阔延伸的茂密林地以闪电般的速度变成宽阔的湖泊，人们划着威尼斯式小船荡漾水中，然后又重新变回如此密集的森林，树木一旦栽下去便完全挡住了日光。圣西蒙公爵路易 **** 评论说："我说的是自己在六周中

---

* 兰斯洛特·布朗（1716—1783），英国园林设计大师，他的花园以自然、未加规划的面貌示人，被誉为"自然风景式造园之王"。

** 汉弗莱·雷普顿（1752—1818），英国著名园林设计师，继承布朗，发展如画风格。

*** 布伦海姆宫又名丘吉尔庄园，英国首相丘吉尔出生在这里，这是他祖上马尔伯勒公爵家族的产业。

**** 圣西蒙公爵（1675—1755），本名路易·德·鲁孚鲁瓦，法国政治家和作家；从历史角度看，他的最重要贡献在于撰写的长篇回忆录，详细记述路易十四时期法国的内政外交。

亲眼所见，在这段时间里喷泉被改变了一百次，无数遍以不同方式重新设计瀑布。用令人赏心悦目的镀金绘画装饰的金鱼池几乎还没完工就被拆毁重造，一遍又一遍重新修建。"[4]

是谁修建了这些壮观的花园？虽然米开朗琪罗确实为西斯廷教堂作画，然而我们接受的语言传统只允许我们说是安德烈·勒·诺特（Andre le Nôtre）*修建了凡尔赛的花园。壮观的花园会由一位大师艺术家设计并监督，但是施工的是众多无名工匠和劳工。隋炀帝在首都洛阳附近修建了皇家园林西苑，有文字记载说"乃辟地，周二百里，为西苑，役民力常百万数"。**百万这个数字无疑有所夸张，但确实指出为修建皇帝的园林，成群结队的劳工被征用。在完工后，这样一座园囿会散发一种外表平静或是天然无辜的氛围，于是很容易使人忘记它起源于强迫劳工、极度的苦难以及死亡。

再来考虑两个说明问题的事例，一个来自日本，另一个源于印度。到 15 世纪时，日本的一些园林已经十分宏大。按照现代标准和价值观来看，这些地方奉行

---

* 诺特（1613—1700），法国景观设计大师，杰作之一是凡尔赛宫的花园。

** 出自《隋炀帝海山记》。

的精神令人惊讶——极度的严肃以及在劳动力和代价上不遗余力。不仅景观园艺师，包括熟知景观艺术的贵族恩主，都极为珍视某种石头，并不遗余力地获取这种石料。例如大名赤松氏（Akamatsu）派遣1800名侍卫从太秦（Uzumasa）前往几英里之外，将石头运到足利义教将军的园林。另外一次，细川大名派3000人将石头运到一处将军正在修建的庄园。在长途搬运的过程中注定会发生意外，这些珍贵的物件——石头或是植物——即使小有损毁，也会给牵涉其中的人造成严重后果。黑田氏大名赠送给将军一株梅树，当一枝树杈在途中折断，将军怒不可遏，他下令监禁三名园艺师并逮捕五名被认为造成这次意外的年轻武士。结果其中三名武士流亡，两名自尽。[5]

在印度莫卧儿帝国时期，皇帝贾汉吉尔（Jahangir，1605—1627年在位）既多愁善感又残酷无情，然而在具有审美品位的独裁者中，这两种性情的结合并不罕见。他喜欢打猎，为纪念一只宠物鹿，他在猎屋附近为动物建造了一个饮水池。皇帝的人类臣民却并不总是很幸运。在统治的第12个年头他写道："此时园艺师指出，穆克拉布（Muqarrab）可汗的仆人砍倒了河岸上的一些占婆树，这些树本来遮蔽着岸边的长凳。我闻言大怒，亲自过问此事直到真相大白。当证实这一不当

之举确由此人所为，为警示他人，我下令剁去他的两根
拇指。"[6]

* * * * * *

花园是自然和人工制品的混合物，是园艺和建筑的
产物，一方面有生长的草木，另一方面有墙垣、阶地、
塑像和喷泉。园林史通常将花园分成两大类——天然花
园和规则式（或人工的）花园——并暗示说天然的景观
设计表达人顺应自然，而规则的景观设计揭示出人需要
主宰。实际上在两类花园背后都存在意志和权力，很难
说哪种更强调人类希望命令和强制。因为园中是树丛和
蜿蜒的流水，"天然"花园似乎比铺设石阶并修建花边
形喷泉的规则式花园更为质朴谦逊，然而前者的天然是
精心策划的幻象。因为这种幻象是有意为之，我们可以
争论说天然花园比规则式花园更加是人工制品，因为它
是巧妙机敏的产物；而规则式花园并不设法隐藏人工
设计。

花园是否看起来自然天成最终取决于个人和社会的
兴之所至。当然个人的品位受到社会趣味的影响。然而
若一个人信心满满并强大有力，他能够逆社会趣味行
事。例如，虽然在罗马帝国时期流行的园艺风格是规则
的和有雕塑的，尼禄的金宫（Golden House）却并非

22

如此。据苏艾托尼乌斯（Suetonius）*描述，尼禄的宫苑中有"浩瀚的池塘，更像海而不是塘，被修建成城池模样的建筑群环绕，还有一个景观花园，其中是耕地、葡萄园、牧场和林地，其间漫步着各式各样家养和野生的动物"。塔西佗对尼禄的游乐场嗤之以鼻，原因不是这里装点着诸如黄金珠宝等"寻常普通"的奢侈品，而是因为它"虚假的乡野"——它的"湖泊、树林和开阔地"，因为"尼禄的建筑师和包工头们厚颜无耻地力图凌驾自然"。[7]

到 17 世纪末和 18 世纪初，景观品位不再崇尚以前流行的循规蹈矩之风，转向认可更浪漫和自然的风格，即英国评论家所说的"如画式"（picturesque）。学者们力图解释这种时尚的改变，却并未完全成功。如果我们坦白承认，毫无必要地行使权力必然包含心血来潮的成分，不完全成功就不会令人惊讶。天然的，如画的，还是规则的？不论采取何种决定，只要改变的土地面积相当，受景观设计师支配的权力就一定同样大。实际上，当我们对如画式园林了解越多，它似乎就越人工、越表面，以至于就"天然"的程度而言，它同规则式园林的真正区别微乎其微，只剩下草木覆盖的多寡以及占主宰

---

* 苏艾托尼乌斯（69—122），古罗马传记作家，著有《罗马十二帝王传》，喜奇闻逸事。

地位的是曲线还是直线。规则式园林自夸丰富的建筑和雕塑特色：其实它们完全是人类工作的证据。在 18 世纪的头 25 年，虽然英国花园有意背离大陆的规则主义，却保留了大量标志着人工成就的建筑物。在奇斯维克、克莱蒙特、斯多和塞伦赛斯特等地，到处散布着庙宇、废墟、方尖碑、古典座椅，以及哥特式零散建筑。只要能产生适当的幻象，便可以肆意作伪。在一本有关乡村景观设计的书中，巴蒂·兰利（Batty Langley）*建议在林荫道尽头建造废墟，或用砖头灰泥模仿石头，或是画在油画布上悬挂起来。当自然成为渴望的幻象，威廉·肯特（William Kent）**提出如此极端的建议，他主张栽种死树"使景色具有更强的真实感"。[8]

　　然而如画式园林的最不同寻常例证——其不同寻常在于自然主义同矫揉造作的结合——不是在英国，而是在 1742 年诞生于法国的吕纳维尔。这座名为"悬崖"（*Le Rocher*）的奇巧之物是个活动的村庄，建在运河边的人工石岸上。它力图既保持乡野又在构造上独具匠心，既充满自然魅力又有后天的聪慧，可被视为游乐场和迪士尼乐园展陈的各种奇观的雏形。在"悬崖"狭窄

---

*　巴蒂·兰利（1696—1751）的园林设计理念主张融合规则式园林和天然园林。

**　威廉·肯特（1684—1748），英国著名园林设计师，崇尚天然园林风格，影响了如画美学观念的形成。

的场地上，不少于82个雕刻人偶被营造成乡野的一系列花饰，其中一个牧羊人在用风笛吹曲，他的牧羊犬照看羊群；一个男孩推动坐着女孩的秋千；一个孩子抚摸吃饼干的狗，男人们或在铁匠铺做工，或拉小提琴，或喝酒唱歌；女人们制作奶油或洗被单；一只公鸡在打鸣，一个隐士在洞穴中冥想，等等。这一场景并非静止不动，悄无声息，人偶活动并发出各种应有的声响。"悬崖"不仅是个为娱乐设计的公园，也是理想社会和世界的模型，不过我们应该记住，不论用途如何微不足道，所有花园的建造中都保留着这种理想的种子。[9]

与如画式园林一目了然的做作和诡辩截然不同，兰斯洛特·布朗创造了"树木遍布的，被雨水洗刷的坡地和一片片柔和的草地"，它们看来确实很自然，流畅地表达了英国人对大自然的热爱。然而对于布朗本人，自然是始终追求"完美的原始女神，但是如果没有亚里士多德的男人式神圣理性天赋的装扮，她就永远不会成功"。布朗的目标是理想形式。在所有那些草地、水流、起伏的丘陵和林地的宁静表面背后，是将如画的完美强加于景观的愿望。为此目的他引进有经典文学典故的建筑物，如果必要，在栽种树木时会将它们排列成精确的直线、直角或楔形，好像是在为剧场设计侧台布景。[10]

　　为了理解 18 世纪英国花园的起源，学者们注意到接近 17 世纪末时中国园林的影响渗入西方。中国园林以不在意直线，力图重现天然的精巧线条和空间而著称。中国人被普遍认为顺应自然，并不力图将人的规则和几何图形强加于自然；中国人与法国园艺师的做法不同，未曾尝试将自然塞进僵直的宫廷服饰。除了有关顺应自然的关键论点，这些看法大多有理有据。然而不论中国人在哲学思辨和诗兴大发时口出何言，他们的园林实际上并不表明顺应的姿态。中国园林是娴熟的人工创造，是工程和艺术的伟业，充满对权力的自豪。皇家园林尤其如此。例如宋徽宗（1082—1135）下令在都城开封之外的平原上堆起一座将近 69 米高的山丘。[11]

　　景观设计中的操纵性和建筑性并不局限于皇家规模的工程。引人注目的是，英语仍旧说"种植"（planting）园林，而中文则说"修建"（building）园林。对于一位主要从艺术和文学表述中认识中国的西方游客来说，他会对中国园林的凌乱感到吃惊。巨大的石堆会吓到他，极多的房舍屋宇或许更使他害怕，生长的草木似乎十分稀少。除了岩石和看来静止不动的水塘，目光所至都是亭台、庙宇、栏杆和墙垣。园林的文学描述往往给人一种印象，认为宽阔的空间分隔了各种建筑物。这是写作者们希望产生的印象。然而在现实中，不　　　25—27

仅小型的城市花园，甚至乡村的大园子似乎都"忙于"显露机巧（图 1）。广袤的远景并不常见，好像中国人喜欢想象空间，胜于实际上无遮无拦的景色。

花园是建筑而非园艺，当然不是自然，西方设计师的作品明确表达了这种看法。有种传统将花园视为房屋的延伸。花园反映出人类的机智和权力扩展进入自然并征服自然，并不像有些当代解释者所说，是自然侵入人类领域；自然确实渗入房屋，但是要严格遵守房屋的规制。在古罗马世界，不仅房屋的直线几何学延伸进入自然的空间，而且屋内的塑像、绘画和长凳也挤进了花园。古代人将房屋和屋外的空地视为一体。景观建筑学并非一个内在分离的专业。在大庄园中，设计房屋的建筑师也同时规划屋外空地。

认为房屋和屋外的空地构成一个建筑复合体，不同单元彼此相连或是用有顶棚的小道连接，这种思想持续到后来的历史时期。比如在中世纪人们更可能说"修建"花园，而不是"种植"花园（这种说法同中国人相似）。人工景致占支配地位（图 2）。特蕾莎·麦克莱恩（Teresa McLean）评论说，"比起今天的花园"，中世纪花园"被围墙、篱笆、树篱和栅栏更加紧密地环绕，因此涉及众多石工、木工、树篱造型、铁工和油漆工作，当修造小丘、喷泉、长凳、栏杆、小径和种植床

图 1 北京半亩园中的拜石轩。初建于 16 世纪，在 19 世纪 40
年代由总督麟庆修复。请留意这座园子有极端人工雕饰的风格，如盆
栽的植物和亭子内外摆放在底座上的山石。引自喜仁龙《中国园林》
(Osvald Sirén, *Gardens of China*)，New York：Ronald Press,
1949，整页插图 36

时还要做更多这类工作。有钱人的园子在种植之前要建造"。醒目的花园围墙唤起自豪和快乐，是身份的主要象征。有关花园围墙的争论时常被记载下来。[12]

在文艺复兴时期，阿伯蒂（Alberti）、维诺拉（Vignola）、朱利亚诺·达·桑迦洛（Giuliano da Sangallo）、朱利奥·罗马诺（Giulio Romano）和布拉曼特（Bramante）等 * 广受敬重的建筑师为景观设计艺术做出贡献，顺理成章地将建筑延伸到四周的空间。在大自然造成困难的地方，诸如不平坦的坡地，设计师用建筑手段克服困难。比如在梵蒂冈修建观景殿花园（Belvedere gardens）时，建筑师布拉曼特机智地修建了三层台地，用台阶连在一起，如此克服了场地的崎岖。他的工作广受赞美，如今被视为景观设计的标杆。诸如亭台、石阶、栏杆和雕塑这类建筑特色逐渐主宰意大利文艺复兴时期的园林。作为集合体它们体现了一种几乎自大狂式的信心，相信人类控制、转变和改进自然的能力。移动土地，修建护土墙、梯田、池塘和街道的技术也是当时军事建设所需要的技术。并不令人惊讶的是，朱利亚诺·达·桑迦洛、布拉

---

* 均为意大利文艺复兴时期的建筑师：阿伯蒂（1404—1472）和维诺拉（1507—1573）的十字形设计影响了此后的教堂建筑；桑迦洛（1443 或 1445—1516）是佛罗伦萨建筑师之首，所引进的诸多创新被布拉曼特、米开朗琪罗等人发展；罗马诺（1499—1546）是著名画家和建筑师；布拉曼特（1444—1514）以借用古罗马的建筑形式传达文艺复兴新精神而著称。

　　图2　15世纪的一幅袖珍画。注意它描绘的建筑特点：墙垣、栅栏、种植床、为植物攀援树立的轮形架和两个盆栽植物。引自弗兰克·克里斯普爵士《中世纪花园》(Sir Frank Crisp, *Medieval Gardens*)，New York：Harcker，1966，图102

曼特和文艺复兴时期的其他主要建筑师不仅修建王侯的花园，也建造军事堡垒。[13]

流行的建筑理想需要草木的生命服从摆布。在规则式花园，由于过度修剪，当风吹过时，树枝、灌木和花朵甚至并不摇摆。除了保管在珍奇博物馆中的异国花草，花园里的植物种类有限。在一座文艺复兴时期的花园里，人们只喜欢那些能够被培育造就，从而符合总体建筑设计及其强制要求的品种，比如说柏树、松树、冬青、月桂、黄杨、刺柏、紫杉。草木被简单地视为建筑材料，被强制变成结实的几何形状，就像墙垣、迷宫、曲径、房间、庙宇和剧场。根据贝尔纳·帕里西（Bernard Palissy）所著《真正的修剪》（*Réceptes véritables*），我们了解到在 16 世纪时，为了迎合美学品位，设计师在多大程度上愿意使用强力。他希望建造一座绿色的庙宇，用活的树模仿古典式圆柱，并用外科医生式的令人恐惧的语言描述这些步骤：

我在榆树底部画出标记并切割，这是我想建造圆柱基座的地方；在我想建造柱顶的地方，我也进行切割，做记号并造成伤口，当大自然发现自己的这些部位受伤了，就会前来援助，渗出大量树胶和汁液巩固并治愈伤口。结果是在受伤的部位长出多余的木质，形成柱顶和基座的形状，当圆柱生长时，柱顶和基座也会变宽。

帕里西也知道手术进程以及预期结果会违背自然，预料会受到批评，他指出自己所做的改变并不如树木造型园艺师极端，后者可能会将灌木变成"一块山石、一只鹅，以及几种其他动物"的模样。而且帕里西认为树是一种用于建造的自然物质，确实比石头更为自然；他给出的理由是有基座和柱顶的石柱仅仅在模仿树。但他却没有发现使树木模仿石头的讽刺之处。[14]

29

******

嬉戏是花园的关键特色。不仅人们在花园中游戏，而且花园本身是一种自豪想象的产物，想象有能力建造一个充满魔幻作用的世界。风景画发挥了这种作用：它魔术般地捕捉了一个世界，创造了空间的幻觉。在中国和欧洲，园艺和风景画是密切相关的艺术。中国园林将野外的自然压缩成一个三维模型，依附于房屋的室内空间，并被墙垣环绕。中国山水画更极端地进行二维压缩。一幅悬挂在书房墙上的山水画轴就像一扇通向广袤空间的窗户。园林的隔墙上有真正的窗户，透过窗户可以看到另一部分风景，穿过一道门可以身在其中。然而这些门窗的一个主要功用是将外面的风景置于框中，好像它只是一幅画。而且景观设计专家认为，园子里粉刷成白色的墙垣应被视为背景，类似于纸轴，前方山石草木的布局正如画中景物。在此我们见到在老于世故的文化中有时邂逅的某种似是而非：面对画卷扁平的纸面，人应该感觉眼前是个可以进入的三维世界。而另一方面，在园林的三维布局面前，人应该想象自己正思考着一幅美丽的二维画卷。[15]

　　在西方世界，园艺和风景画之间的密切联系也十分流行。这两种艺术都给予艺术家们一种控制自然和空间的感觉。不论在罗马帝国还是文艺复兴时期意大利的别墅中，人们有时会将树木、飞鸟和果园画在花园墙上，制造一种广袤乡村的幻象。由于这些壁画，房主坐在封闭的庭院中时并不感觉四面被围，而是能主宰目光巡视之处，他巡视的也包括画上的景物，这些很可能是他在其他地方的地产。[16] 在 17 世纪，人们对视觉体验（视野和景色）的强调达到如此程度，以至于几乎将所有景观花园都设计成舞台布景或是造型，供人观看，而不是设计成环绕四周的世界，人可以无意识地投入并浸淫其中。在 17 世纪尤其是 18 世纪，景观园艺师受到风景画的强烈影响，有些人还身兼风景画家之职。例如青年安德烈·勒·诺特想当个画家，年轻时他就委托尼古拉斯·普桑（Nicolas Poussin）画了一幅画，后来又买了更多普桑和克罗德·洛兰（Claude Lorrain）*的作品，尽管洛兰的风格几乎属于浪漫派。[17] 勒·诺特设计花园犹如画家作画，不过要从不同角度观看他的工作，因为他的作品是不同景色的混合；他总是用修剪的树篱为这些景色加框，树篱后面是一排高树墙。在英国，早在 1650 年，爱德华·诺盖特（Edward Norgate）就将景观本身定义为"不过是一幅有土地、城市、河流、城堡、山峦和树木的图画，或者是任何令眼睛愉悦的景色"。[18] 在下一世纪，有关花园的著述几乎像风景画著述一样关注对色调和颜色、光和阴影以及角度的安排。威廉·肯特以建造花园著称，但他也是个建筑师、雕塑家和画家。他赞成亚历山大·蒲柏（Alexander Pope），**认为"所有园艺都是绘画"；他发现建筑师约翰·凡布鲁（John Vanbrugh）***也赞成这个看法；当被问起如何规划布伦海姆宫外的空地时，凡布鲁叫道："去找个风景画家来。"[19]

花园中的嬉戏有不同形式。最简单的是娱乐和游

---

* 普桑（1594—1665），法国著名画家，古典主义绘画的奠基人；洛兰（1600—1682），法国著名风景画家。

** 蒲柏（1688—1744），英国著名诗人、讽刺作家，精心打造了如诗如画的花园。

*** 约翰·凡布鲁（1664—1726），英国著名建筑师和剧作家，不仅设计了有名的建筑，也规划风景。

戏。例如中国的园林不仅用于学习、独处和沉思，也是
儿童玩玩具（正如很多画卷所示）和成人博弈赛诗的所
在，并佐以美酒美食助兴。年轻的贵胄子弟也在皇家园
林中操戈骑射，演练并非完全无害的竞技。在欧洲的花
园中，英国都铎王朝的花园尤其生机勃勃，通常用途很
多。有关花园的绘画描绘了男男女女从事各种活动的场
景：玩牌、戏水、在地上翻滚、逗猴子、在池塘钓鱼、
彼此泼水、做爱、在迷宫般的曲径中徜徉、互相追逐。
意大利文复兴时代的花园是冥思和哲学讨论的所在，也
是植物学和医学研究的中心，但也举行兴高采烈的宴
会，款待亲朋，是个思想以及性自由的地方。[20]

31

  在中国和欧洲都为人所知的一种特殊游戏是表演乡
间质朴。出身高贵的人们在别具匠心的园子里装作质朴
的农民，仿佛在游戏中煞有介事的儿童。在中国，一座
人工湖里有座人造岛屿，岛上一座美丽的亭台却悬挂一
块匾额，别扭地告诫说"勤于农耕"。在北京郊区的颐
和园，万寿山上仍旧有一排田庄农舍。暮年的慈禧太后
曾经热衷于观看宫廷贵妇们争先恐后地为她庄上的鸡喂
食。关于欧洲，我们当然立刻就会想到玛丽·安东奈特
（Marie Antoinette）* 在小特里亚农宫的奶制品农庄过质

---

* 玛丽·安东奈特（1755—1793），法王路易十六的王后，因奢华被称为
赤字夫人，在 1789 年开始的法国大革命中被推上断头台。

朴的生活。在法国皇室的其他地产中，在宏大庄园里建造乡野农庄的习俗也历史悠久，比如孔德亲王的尚蒂依花园，奥尔良公爵位于兰西的宅邸，以及普罗旺斯伯爵夫人位于蒙特勒伊的地产。这些农庄和村庄里的小群房舍的外表诉说着质朴甚或贫穷；但是室内却奢侈精致。比如据皮埃尔·德·诺拉克（Pierre de Nolhac）所述，在尚蒂依花园：

> 谷仓的墙壁摇摇欲坠，被凄惨的日光穿透，但是一旦跨过门槛，就变成一个柯林斯建筑风格的宏大公寓，成对排列的圆柱漆成红色，有银色凹槽，缠绕着环形花饰；丘比特在屋顶的云中玩耍，窗帘是玫瑰色塔夫绸，镶银边，同家具垫套协调相配。其他茅舍里隐藏着一个餐厅，一个图书室，一个用园艺工具等纪念品装饰的台球室。院子里是仿造的酒馆，还有口井，实际上这是厨房，用具器皿一应俱全，足以准备王侯的晚餐。访客若想象自己置身农家，他会发现同魔幻住宅比肩而立，似乎从童话中冒出来一个真正的乳品场，满圈的奶牛，一个在碾玉米的磨坊，还有一个正在烤面包的面包房。[21]

不论个人如何强大，在真实世界中，自然的和人类的事件往往超出他的控制。与此不同，在乔装的世界或是剧场里，虽然冲突确实发生，但是却能够被艺术的魔杖点化。重要的是，花园的历史同剧场的历史缠绕交织。在中国，园林传统上是音乐和戏剧表演的场所。在中世纪后期的欧洲，狂欢、假面剧和神秘剧在花园举行。意大利文艺复兴时期的花园——比如蒙雷戈尔和博尔盖塞别墅园——被夸耀是永久性的舞台和娱乐剧场。到 17 世纪末，法国的花园也可能成为长期剧场。凡尔赛宫的丛林园是一座座绿色的厅堂，用喷泉、塑像和盆栽着意装点；这里能容纳多达 3000 名观众。

不仅花园中有剧场，而且舞台设计也影响花园设计。1789 年建筑师勒·加缪·德·梅西埃（Le Camus de Mesières）敦促景观园艺师们在创作中使用舞台效果，他在《建筑学之神》(Génie de l'architecture) 中写道："让我们将目光转向剧场，舞台上对自然的简单模仿决定我们的感情。在阿米达的魔宫中，一切都宏伟壮丽，激发情欲。"²² 在英国，下述事实指出花园和剧场休戚相关：诸如蒲柏、约瑟夫·艾迪森（Joseph Addison，1672—1719）以及柏林顿伯爵三世（1694—1753）等文学界和花园设计界的重要人物，他们都同舞台联系密切。凡布鲁也是如此，在从事建筑和景观建筑之前，他曾是个脚本作家，涉足戏剧界。

******

花园本身无疑是权力和想象的艺术品。花园是充满自信的权力——见证了宏伟典范的规模和技巧的布局；花园也是心血来潮的权力——见证了设计的细节。技术领域的每一项成就都鼓励设计师更高地放飞想象力。当工程师能够将更多水注入莫卧儿花园的水槽，以前唯一的喷射水柱成倍增加，变成数十甚至数百个喷泉，就像在沙贾汗（Shah Jahan，1628—1658）位于拉合尔的沙拉马尔花园中那样。但即使没有重要技术创新的刺激，头脑也会义无反顾地沉溺于精心制作的细节。在波斯人的观念中池塘是花园的核心，因此到 15 世纪时它已经从简单的长方形或圆形蓄水池发展演变成繁复的叶瓣图案状。[23]

在理论上，中国园林尊敬自然和自然之物。但是我们越注意它的细节，就会发现它显得越人工，其实是在冒充自然。园林远非逃避到宏大自然的简单质朴之中，在某些方面它是古老文明最精心策划的玩具。伪装矫饰比比皆是，一切都似是而非。石块代表旷野和耸立的山峰，但是也象征动物和鬼怪（图 3）。在一本完成于 18 世纪的小说中，主人领众清客游一座新建的园子，扑面只见"白石崚嶒，或如鬼怪，或如猛兽，纵横拱立，上

34

面苔藓成斑，藤萝掩映，其中微露羊肠小径"。[24] 在中国式装模作样中，较为少见的例证是石河，即将石头排列成河床状，似乎随时可能河水汹涌。园艺师们早在 8 世纪甚或更早就知晓这种技巧，目的是玩弄视觉，因为不可能有水流过那里。[25]

中国园林的建筑成分可说是反复无常。隔墙上的门可能是简单的长方形，但是菱形和圆形也同样常见，圆形门被称为月洞门。尤其在晚清和民国初年的园林中，门的形状可能会像花瓶、葫芦、花瓣或树叶。窗户更是花哨古怪，不仅有花果式样，还有诸如扇子、花瓶、饮料瓶、瓮、茶壶这类寻常物件的形状。[26] 中国园林同诗词密切相关，因此强烈鼓励人们比喻性地观看园中事物：园林激发诗情，诗章往往在园中写就。但不鼓励对园中景致直抒胸臆，往往用隐喻性字句加以补充，由文人墨客随口吟诵或是刻写保留。因此正如我们提到的，石块"或如鬼怪，或如野兽"，抑或它们是某人"之兄长"，小径变成"雁群"，蜿蜒如"戏耍的猫"，水上的亭台是"船舶"，五座相连的亭台成了"五指御龙的脚爪"。[27]

作为玩具或玩物，园林应该机巧并出人意料——它确实如此。有关园林设计的著述屡屡敦促设计师不要直白浅露，应追求不同寻常和难以预料。隐蔽和机密受到赏识。墙应该"藤萝掩映"，房舍应该"绿荫半蔽"。有

图3　苏州狮子林的假山石，仿佛坐着的狮子。这座园林建于14世纪。照片摄于1918年。引自喜仁龙《中国园林》，整页插图33

时会非常刻意地制造惊异，正如以下事例所证：

　　元代画家倪瓒有一次被朋友邀去赏荷。去后只见院落空空如也。然而当宴饮之后回到这个院落，早先的大失所望化作同样程度的惊叹，因为他面对的是满池莲荷。这个戏法十分简单，将数百缸荷花迅速搬进院落，从蓄水池中引水，使缸稍微淹没水中，于是院子变成一个池塘。[28]

　　先前提到的那本 18 世纪小说《红楼梦》给出另一个例子，说明为了创造一个魔幻世界，雄心勃勃的园林建筑师会多么穿凿弄巧：当游园的众人进入房内，均大吃一惊，只见四面皆是雕空木板格架，竟分不出间隔房间来。隔断的墙壁有镶板，均玲珑华丽，名手雕镂，且满墙满壁皆抠成形状各异的槽子，槽子支撑着双倍厚度的格架，成为隐蔽的搁板，或用来贮书，或用来陈设古代青铜器。精巧的间隔上倏尔假窗，倏尔幽户，进一步增加了魔幻效果。由于繁复变化的空间，园子的建筑本身已经令人迷惑，附加的机关更是倍增这种错综复杂的感觉。当主人及众清客迷失了旧路，顺门径前行，忽见迎面也来了一群人，都与自己体态形貌一样，却是一架玻璃大镜相照。及转过镜去，各处窗纱明透，门径可行，"益发见门子多了"。[29]

　　欧洲的游乐花园出人意料地发挥了同样重要的作用。建筑师和聘请他们的达官贵人都以宏伟为傲，但是宏伟也会令人枯燥。繁复迷惑和出人意料的原则同广阔开放的空间和规则的明澈相辅相成：因此才有迷宫幽径、丛林园、私密花园（*giardini segreti*）、戏法喷泉和过度的树木造型艺术。我们会对祖先的童稚感到奇怪。凡尔赛宫的第一个花园屋（丛林园）——宴会厅（*the Salle de Festin*）是众多例子之一。林间空地中央是个河渠环绕的岛屿。隐藏的机关可以突然升起通到岛屿的桥，因此使访客滞留岛上。这类恶作剧无疑会逗乐在其他方面为人老练的廷臣。[30]

　　另外一个例子是在特里亚农宫，在太阳王 * 吃午餐的短暂时间，花园的配色全部改换。[31]（不禁令人想起《爱丽丝镜中奇遇记》中被困扰的园丁，他必须在接到命令后很快将白玫瑰涂成红色）是否国王喜欢出乎意料，所以魔术只是幼稚之举？或者这揭示出位高权重之君主的头脑状况，他厌倦的欲望必须受到新奇之事的不断刺激？或许一个被惯坏了的孩子和腻烦的唯美主义者之间的个性差异比我们想象的要小。儿童毕竟也很容易

36

---

* 即法国波旁王朝国王路易十四（1638—1715），他以太阳王自诩。

腻烦，并产生权力的错觉；孩子的愿望反复无常，他摆弄手边的东西——弄弯、扭曲，最后常常毁掉它们。同孩子的权力相比，受权贵们支配的权力当然远非虚幻。达官贵人能够为他的享乐下令建造一座宏大的花园。不论表面如何无辜，如何美丽，这一工程可能是在针对自然行使意志和力量。我们将探讨人类如何不顾自然的天性，异想天开地迫使水流表演，促使草木生长——探讨大自然的这些要素如何成为王公贵胄欢乐的源泉，阿谀奉承地提醒他们命令和强制的权力。

---

1 Cicero, *De natura deorum*, trans. H. Rackham (New York: Putnam's, 1933), 271.

2 《四书》(Mencius, *The Four Books*), trans. James Legge, New York: Paragon book Reprint Corp., 1966, bk.3, pt.2, 674−75。

3 Miles Hadfield, *The Art of the Garden* (New York: Dutton, 1965), 93.

4 Lucy Norton, comp. and trans., *Saint-Simon at Versailles* (London: Hamish Hamilton, 1958), 265.

5 Loraine Kuck, *The World of the Japanese Garden* (New York and Tokyo: Walker/Weatherhill, 1968), 138.

6 引自 Sheila Haywood, "The Indian Background—The Emperors and Their Gardens," in *The Gardens of Moghul India*: *A History and A Guide*, ed. Sylvia Crowe et al. (London: Thames and Hudson, 1972), 93。

7 Axel Boethius, *The Golden House of Nero*: *Some Aspects of Roman Architecture* (Ann Arbor: University of Michigan Press, 1960), 108−09; Suetonius, *The Twelve Caesars*, trans. Robert Graves (Baltimore: Penguin Books, 1957), 224−25; Tacitus *Annals*, 15.42.

8 S. Lang, "The Genesis of the English Landscape Garden," in *The Picturesque Garden and Its Influence Outside the British Isles*, ed. Nikolaus

Pevsner（Washington，D.C.：Dumbarton Oaks，1974），20，23；Margaret Jourdain，*The Work of William Kent*：*Artist*，*Painter*，*Designer and Landscape Gardener*（London：Country Life Limited，1948），76.

9　Dora Wiebenson，*The Picturesque Garden in France*（Princeton：Princeton University Press，1978），11-12.

10　Robert and Monica Beckinsale，*The English Heartland*（London：Duckworth，1980），186；Edward Malins，*English Landscaping and Literature 1660-1840*（London：Oxford University Press，1966），99.

11　Maggie Keswick，*The Chinese Garden：History，Art and Architecture*（New York：Rizzoli，1978），53. 这也同样发生在文艺复兴时期的意大利。"费拉拉公爵博尔索·德·艾斯特（Borso d'Este，Lord of Ferrara）1471 年 1 月决定在费拉拉平坦的景观中修建一座山丘。他颁布律令征发这个地区所有农民服徭役；征用船、马车和手推车将土和岩石运到工地……"参见 Lauro Martines，*Power and Imagination：City-States in Renaissance Italy*（New York：Vintage Books，1980），267。

12　Teresa McLean，*Medieval English Gardens*（New York：Viking，1980），106.

13　William Howard Adams，*The French Garden 1500-1800*（New York：Braziller，1979），40，47.

14　Bernard Palissy，*The Delectable Garden*，trans. Helen M. Fox（Peekskill，N. Y.：Watch Hill Press，1931），22-25.

15　参考晚明时一本有关造园著作提出的建议，书名为《园冶》（1634）。参见喜仁龙：《中国园林》（Osvald Siren，*Gardens of China*），New York：Ronald Press，1949，22。

16　A. Richard Turner，*The Vision of Landscape in Renaissance Italy*（Princeton：Princeton University Press，1966），197-98.

17　Helen M. Fox，*André le Nôtre：Garden Architect to Kings*（New York：Crown，1962），31，33，35.

18　Edward Norgate，*Miniatura：or The Art of Limning*，*MS written between 1648 and 1650*，ed. Martin Hardie，（Oxford at the Clarendon Press，1919），43.

19　Derek Clifford，*A History of Garden Design*（London：Faber and Faber，1962），140.

20　Nan Fairbrother，*Men and Gardens*（New York：Knopf，1956），94.

21　Pierre de Nolhac，*The Trianon of Marie-Antoinette*（New York：Brentano's，n.d.），203-04.

22　引自 Wiebenson，*Picturesque Garden in France*，97-98。

23 Donald N. Wilber, *Persian Gardens and Garden Pavilions* (Washington, D.C.: Dumbarton Oaks, 1979), 14.

24 《红楼梦》(*The Story of the Stone*), chap.17, H.B. Joly 译 (1892)。

25 喜仁龙:《中国园林》(Sirén, *Gardens of China*), 19。

26 同上书，第 63 页。

27 Keswick, *Chinese Garden*, 119.

28 童寯:《中国园林: 反差与设计》(Chuin Tung, "Chinese Gardens: Contrasts, Designs"), in *Chinese Houses and Gardens*, ed. Henry Inn and S. C. Lee, New York: Hastings House, 1950, 28。

29 《红楼梦》(*The Story of the Stone*), chap. 17, David Hawkes 译, Harmondsworth, Middlesex: Penguin Books, 1973, 346。

30 Fox, *André le Nôtre*, 90.

31 Adams, *The French Garden*, 84.

第四章

喷泉和草木

虽然水并非有机物，然而甚至在近现代，水也被广 37
泛认为在某种意义上是"活的"。水毕竟是移动的。它
跑过河床，跳过卵石。我们说泉水是生命之源——这个
古代的修辞用语依然具有吸引力。可以训练水流得快或
是流得慢，急转弯或是箭一样笔直，甚至引水上坡。人
们通过机械技术利用水浇灌田地和发电。水也可以被变
成玩物，被迫因人类的娱乐需要而跳跃舞蹈。

　　孟子曾经问过击水跳跃是否正确的问题。他的立场
是"人性之善也，犹如水之就下也"。孟子还说："水信
无分于东西，无分于上下乎？"又言："今夫水，搏而跃
之，可使过颡；激而行之，可使在山。是岂水之性哉？"
当然不是。"其势则然也。"[1]* 对于建立在干旷草原边
缘的农业文明来说，水必不可少。中国人自有史以来就
设法控制水。他们最简单古老的设施利用引力从河中引
水，使之顺着在天然倾斜的坡地上开出的沟渠流下。然
而至少自从汉朝开始，中国人就使用链式水车引水上
坡，更有效地分配水。中国人使水的运动违背本性，但

---

* 　出自《孟子·告子上》第二章。

38

是目的主要是满足经济需要。这里我们提出的问题是，中国人在多大程度上将水视为玩物，出于权势和娱乐而让水违背天性，并以此为乐？

在兴建园林时，中国人毫不犹豫地改变河道，阻塞水的天然流动，并挖土掘地拓宽河床。池塘或湖泊是中国园林的主要特色，设计者使用一切工程技术和艺术手段使水体似乎浑然天成。想一下杭州的西湖，它可能是中国最广为人知的公共园林。诗人画家咏叹西湖美景已有上千年之久。即使在今天，每位游客都感觉必须游湖以表敬意。西湖的水体足够大，能够支持天然湖泊的幻觉——一种未经驯服的天然。但是西湖实际上是人工湖。早在约公元1世纪中国人就筑起一道堤坝，截断三角洲上缓慢流动的河流，如此形成湖泊，并不断疏浚，定期扩展，湖泊才存留下来。由于水浅，淤泥和水生植物的积累总是威胁西湖。当杭州成为南宋的都城后，西湖的用途剧增，因此兵丁们在湖岸上巡逻，禁止人们向湖里扔垃圾或是在水里种荸荠。[2]

因此中国人曾为了愉悦操纵水，有时候是操纵大量的水。但是否他们如孟子所言，曾搏水而跃之？换言之，是否喷泉以及（尤其是）向上喷射的水流列入了中国人摆布自然的游戏目录？直到最近，一般认为是耶稣会传教士在1750年后引进了喷泉，戏剧性地陈列在被称为"北京凡尔赛"的圆明园里，此前它在中国无人知晓。然而李约瑟争论说，自从汉代以降，几乎在每个世纪都可以发现使用喷泉的证据。对凉殿的记载是有关喷泉和喷射水流的最早也最清晰的描述，这座宫殿由唐玄宗在大约公元747年下令修建。当天气极热时这里被用作朝觐之用，殿里有水击打扇车，将冰置于石榻之上，而且（正如中国文献所说）在宫殿"四隅击水，成帘飞洒"，以此来降温。大约三个半世纪之后，有人描述1148年北宋都城开封的辉煌，他提到某座庙中"有两个菩萨的塑像，文殊和普贤菩萨骑在白狮上，[*]从他们伸出且不断抖动的五指中，水流向四方喷涌"。一个多世纪之后，到元朝末年的惠宗时，有记载说皇帝喜欢机械玩具，他的收藏中有昂首吞吐一丸的龙形喷泉，还有口喷香雾的龙。[3]

尽管存在这些证据，显而易见中国人并没有像欧洲人那样大规模地搏水而跃之。在欧洲传统之外的其他发达文化中，喷射的水流有多么重要？我们知道水是波斯和伊斯兰教花园的中心。波斯的花园通常被十字形水渠分成四部分，中心是亭台和涌水的池子。到萨珊王朝时，这种格局已成定式。花园最古老的要素是水池，它

39

---

[*] 原文此说有误，文殊菩萨的坐骑应是青狮，普贤菩萨的坐骑应是白象。

象征着生命毫不费力地愉悦涌动。人们非常尊重，甚至崇拜涌出的水。在波斯当地传统中，嬉戏一般地高高喷射的喷泉是舶来品，但一旦进入波斯，便迅速赢得统治者的欢心。在伊斯法罕坐落着萨法维王朝的宏伟花园——哈扎加里布（Hazar Jarib），园中多达 500 股喷射水流。然而用来创造这类奇观的技术可能十分原始。比如在伊斯法罕的阿里卡普宫（Ali Qapu Palace），喷泉在四层楼上的水池中嬉戏，动力却由公牛提供。人们利用公牛，将水一桶接一桶地注入埋在地下的储水箱里，然后将水上送至宫殿六楼的蓄水池中，水从那里流到四层的池子里。至于力图使喷射的水流按照某种预设的方式戏耍，需要的可能是跳芭蕾舞一般的灵巧，而非机械性机巧。有时只有当手脚灵活迅捷的仆人们操控时，喷泉系统才能运作。唐纳德·威尔伯（Donald Wilber）报道说："有人拜访了位于设拉子的御座花园（Bagh-i-Takhut），他描述了这样的喷泉系统。招待他的主人热衷于展示水流喷涌的样貌，为此他使用了仆人的力量，他们在喷口之间疾跑，用布卷塞住那些当时不需要流水的喷口。"[4]

在印度北部，设计师的想象力因技术而自由翱翔，莫卧儿帝国皇帝们的伊斯兰教风格花园以喷泉众多为荣。到 17 世纪中叶，零散的单独喷泉发展成在一个花园里有数百个喷泉，甚或是像乌代普尔的莲池周围那样的人工降雨。莫卧儿帝国的皇帝们很幸运，有像海德尔·麦利克（Haidar Malik）和阿里·默尔登·肯（Ali Mardan Khan）这样杰出的工程师供其差遣，他们能够通过运河从遥远的地方将水引到皇帝们的极乐园里。然而在受到伊斯兰教和波斯激发灵感的花园里，水流喷射一般没有欧洲喷泉巅峰时期的水量、力量和轰鸣。东方喷泉强调简单的喷射或众多的单一水流，以及水流花式的精巧，它们同建筑外观繁复的雕刻和装饰相辅相成。[5]

在欧洲，游乐花园历史的主要灵感可以追溯到古罗马，尤其是帝国时期的罗马。水是所有罗马花园的主题之一。至少这是我们现在的印象，因为当时所有讨论花园这个主题的作家，都满怀热情地提到水；所有对别墅的考古发掘都发现了完备的管道和沟渠系统，如果当地水源或附近的大型公共导水管供水不足，人们甚至会建造私人导水管从远方引水。至于小型的城市花园，正如庞贝城的发掘遗迹表明，在那里不可避免地会发现池塘的地基和用铅管引水的喷泉地基。[6]小普林尼（Pliny the Younger）*洋洋洒洒的书信也使水的重要性显而易

40

---

* 小普林尼（61 或 62—113），古罗马作家和行政长官，因被舅舅老普林尼（23 或 24—79）收为养子，史称小普林尼，留下的书信集精彩描述了罗马帝国全盛时期的公共和私人生活。

见。他拥有两座美丽的别墅，一座位于罗兰图姆的海边，另一座在托斯卡纳的山间。虽然小普林尼喜欢罗兰图姆的产业，但他批评海边没有奔流的河水以及天然的泉水。与之相反，山间流水滋养着托斯卡纳别墅，小普林尼为了回应大自然的馈赠，让他的室内外都遍布水流。他给朋友的信中有几处兴高采烈的描述，但我们尤其感兴趣的一点是他对喷泉的评论，喷泉的水流"射向空中，然后落入盆中"。[7]

　　普林尼的别墅设施精良，但是就设想和规模的壮观程度而言，罗马帝国皇帝哈德良的蒂沃利别宫（villa at Tivoli）远远超出普林尼的想象。蒂沃利别宫距离罗马大约 32 公里，在公元 125 年到 136 年之间修建。它首屈一指的主题是水和大理石。埃莉诺·卡拉克（Eleanor Clark）是一位现代观察者，她如此评论蒂沃利的特殊氛围："这里就像罗马，水是建筑的要素，像其他物质那样被赋予形状和形式，从属于各种设想——让水平缓不动，偶尔以简单的方式运用，但可能更经常对水面和流动方式别出心裁。"水制造距离错觉，它是"光无法定义的同源媒介，有助于营造奢华，而当真的进入室内后，玻璃的作用会更大，水才被镶满墙壁的镜子和水晶吊灯取代"。[8]

　　正如在蒂沃利别宫，罗马的府邸也有水从喷泉涌

41—42

出，倾泻而下，就像流水岩洞中的小瀑布，或是在延伸的池塘中静止不动，到处都是水。但是还有问题，是否罗马人会搏水而跃之？回答是肯定的。毕竟普林尼清楚地说在他的托斯卡纳别墅中水向上喷射，虽然他补充说喷射是间歇性的，并非连续不断。而且由于托斯卡纳的地形，天然水压容易造成喷射。哈德良皇帝的别宫没有这种地形便利。蒂沃利当然有喷泉，但是水流喷射到空中的高度如何？因为罗马时代的作家使用 salientes 这个词，既指一般的喷泉，也指喷射的水流，这类问题有些不易回答。或许比较保险的设想是，不论在当时如何雄心勃勃，罗马园林的主要特色不大可能是精心设计出的水花四溅和大量的水流喷射。原因之一是，如果没有当地地形造成的天然水压，罗马人可能并不具备保持水压的技术知识。尽管罗马人在输送水的工艺方面颇有建树，尽管存在导水管之类的建筑奇观，但他们对水力学原则的理解甚至还不如他们知晓并引用其著作的希腊人。现存的证据表明，关于源头、坡地、阻力和其他因素如何影响水的流速，罗马人只是猜测而并非合理地计算。[9]

　　距离哈德良皇帝的蒂沃利别宫不远是艾斯特庄园（Villa d'Este），是红衣主教依泼利托·艾斯特（Cardinal Ippolito II d'Este）从 1550 年开始修建的。

建筑师皮罗·利戈里奥（Pirro Ligorio）从哈德良废弃的别宫寻求灵感。水利工程师是奥拉齐奥·奥利维埃里（Orazio Olivieri），他成功地使当地的阿尼奥河支流改道，引来取之不竭的水从花园的坡上流下。虽然艾斯特庄园被描述成所有花园中最具有罗马风格的一座，但是仅凭生机勃发的水工它也同自己的古典前辈有所不同（图4）。有数个世纪历史的艾斯特庄园的喷泉是意大利的景致之一。大约在1581年蒙田游览此地，使他印象最深的是水的流量，以及水的机巧。喷泉工程师用水大做文章，例如龙泉中心喷射的水量多有变化，因此安东尼奥·德尔·雷（Antonio del Re）在1611年报道说，"它会像小迫击炮弹那样爆炸，或像很多火绳枪同时开火；有时它变得大如亭阁，代表大雨倾盆"。大卫·科芬（David Coffin）说："喷泉工程师对水的处理就像雕塑家揉黏土，将它塑造成各种形状。高而细的喷射水流同透明的水幕或沉重倾泻的瀑布争奇斗艳。在椭圆形喷泉的中央，喷射的水流构成艾斯特盾形纹章上的百合花，匹配雕塑家用赤陶土塑造的百合花与鹰。"[10]欣赏这个坡上奇观的最好方式是从低处出发。当向上移动时，游览者最先遇到被轻盈喷洒的水笼罩的鱼池；然后当开始攀援后，他见到闪闪发光的水阶梯，随后是暖房环绕的座座大喷

43

图 4　奥拉齐奥·奥利维埃里为蒂沃利的艾斯特庄园发明了巨大的喷泉——水风琴喷泉。引自迈尔斯·哈德菲尔德《花园的艺术》（Miles Hadfield, *The Art of the Garden*），New York：Dutton，1965，第 10 页，韦恩·豪厄尔重绘

泉；再经过一段陡直的攀援，到达房屋外面的大露台，游客终于见到最后的银色水柱高射空中。这一行程给人的印象是，当在花园坡地上爬得越高，水就被击打喷射得越高：坡底宁静的鱼池和高处露台上射向空中的水柱形成反差，当爬上一个陡坡时，这一对比尤具戏剧性。[11]

由地下水渠、涵洞、供水干道和水管——相当于舞台的幕后机械——构成的最为繁复的系统使这种戏剧性和美丽成为可能。由于修建了大量很难改动的基础设施，尽管一个又一个房主由于心血来潮或是追求时尚很想做出改变，艾斯特庄园的座座花园在完工四个世纪之后仍旧同最初的规划和版画十分相似。[12]

水力机械的进步使得有可能创造出文艺复兴和巴洛克风格花园的水幻境，一些论著迎合有雄心的园艺师之特殊需要，指出了这些进步，诸如贝尔纳·帕里西的《奇妙的话语》(*Discours Admirables*, 1580)，奥利维耶·德·塞尔 (Olivier de Serres) 的《农业场景》(*Théâtre d'agriculture*, 1600)，所罗门·德·科 (Salomon de Caus) 的《原动力之道理》(*Les Raisons des forces mouventes*, 1616)，依瑞尔·德·希尔威斯特 (Irael de Silverstre) 的《花园和喷泉》(*Jardins et fontaines*, 1661)，让·佛朗索瓦 (Jean Francois) 的

《喷泉的艺术》(*L'Art des fontaines*, 1665)。自然是为了被冒犯而存在，这是当时流行的氛围。园艺著作中的一个关键用语是"强迫自然"。据蒙田所言，弗朗切斯科·德·美第奇 (Francesco de' Medici) 大公 * 为他的普拉托利诺别墅 (the villa at Pratolino) "选择了一个十分不便的所在，这里土地贫瘠，山峦起伏，没有泉水"，"目的是从五英里之外引水，十英里之外取沙土石灰，并引以为豪"。1688 年，当精明的财政大臣让·巴普蒂斯特·科尔贝 (Jean Baptiste Colbert) 劝告法王路易十四不要在没有希望的凡尔赛修建宫殿花园时，国王傲慢地回答说"当战胜困难时，我们会显示自己的力量"。[13]

在凡尔赛，水是人们永不停息的所思所想，圣西蒙公爵有次形容凡尔赛是"最阴郁，最徒劳无益的地方，没有远景、树林，也没有水"。[14] 没有水吗？最终凡尔赛成为一座华丽的水景之城，不过为达到这个目标花费了大量金钱、劳力和生命。为了将水引到凡尔赛的花园，人们首先使用地下排水设备抽取邻近的水源，通过管道系统将这个地区的所有水源都吸收到一个水库。当这一步经实践证明未达到目的，于是采取的下一步便

44—45

---

* 美第奇家族在 15 到 18 世纪中期统治佛罗伦萨，是意大利文艺复兴的重要支持者，弗朗切斯科 (1541—1587) 于 1574 年继承大公之位。

是造水塔，使用马拉的活塞水泵将水输送到塔里。在1668年夏天，人们为这些成就举办了盛大的庆典。不久之后，完备的水展成为花园聚会的例行特色，一天耗费的水量超过公共水泵为巴黎所有60万人口供给的水量。[15]

当花园继续扩展时，需要越来越多的水。路易十四求助于法国的河流，并不担忧他的水力玩具可能会抽干肥沃的谷地（图5）。他首先抽取塞纳河水，然后是比耶夫尔河和卢瓦尔河。最后得到杰出的军事工程师和建筑师塞巴斯蒂安·沃邦（Sebastien Vauban）的首肯，决定从凡尔赛西边的塞纳河支流厄尔河引水，工程开始于1685年。在战争大臣弗朗索瓦-米歇尔·卢福瓦（Francois Michel Louvois）的监督下，三万士兵日夜劳作三年之久，挖掘河渠并修建导水管，将水引到64公里之外的宫殿外面。在花费了800万里弗尔，数千名士兵死于受伤和疟疾之后，路易十四放弃了这个工程。凡尔赛仍旧缺水，以至于朝臣们每人每天只得到一小盆水来保持清洁。[16]这反映出时代精神，生存的必要性不得不服从于游戏和炫耀的迫切性：哪怕几乎没有足够的水来保持身体卫生，也得用尽心思为喷泉找到足够的水源，最终在凡尔赛宫和马利庄园（离凡尔赛八公里，是路易十四的隐居之所），喷泉的数量达到1400这个令人

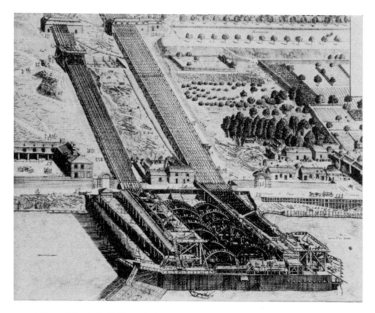

图 5　马利庄园的巨大机器，1682 年完工。它使用一套极端复杂的转轮从塞纳河抽水，输送到一个导水管（图中未示），供给凡尔赛的喷泉和湖泊。匿名版画，引自阿萨·布里格斯《通往水晶宫的钢铁桥》(Asa Briggs, *Iron Bridge to Cristal Palace*), London：Thames and Hudson, 1979, 图 8

瞠目结舌的数字。[17]

46　　在文艺复兴和巴洛克时期的宏大花园中，喷泉不仅是关键的美学要素；它们也是玩具，是一种玩笑，一种在作乐的情绪中表达的力量。从现代趣味的角度来看，喷泉精力充沛的幽默必定十分幼稚，这不仅表现为从人体塑像的阴茎和乳头中喷射的水流，还表现为"意外之水"（water surprises）的广泛流行。在英国，伊丽莎白一世对汉普顿宫的少数改进之一是修建"一个高大厚重的豪华喷泉"，它在出人意料的时刻涌出水来，溅湿周围的观众。在塞维利亚的阿卡萨宫，花园的喷泉被设计成对毫无防备的游客冲冷水。在萨尔茨堡市南面几英里的海尔布伦城堡和花园［由埃姆斯的总主教马尔库斯·西提库斯（Archbishop Marcus Sitticus of Ems）在1614年修建］，恶作剧包括从挂在墙上的人工鹿角向客人喷水，以及从客人的座椅上喷水。在意大利，艾斯特庄园的罗马喷泉被夸耀有几种水把戏。在广场两旁，供人们在观赏喷泉时休息的座位有秘密的小孔，会喷出水来淋湿疲惫就座者的臀部。有台阶通向瀑布下方的小块绿地，只要有人踏在"中心点下方"，台阶就会意外地喷射水流，仿佛让人洗淋浴。通向广场的桥中央有扇铁门，它设置机关向未加防备的行人射出两股不同的水流（图6）。[18]当蒙田游历意大利时，他来到位于

图 6 艾斯特庄园罗马喷泉桥上的水把戏。来自文图里尼（Venturini）所作 17 世纪版画。承蒙大卫·科芬（David R. Coffin）提供摄影

托斯卡纳的普拉托利诺别墅，对那里的机械和水力机巧印象很深。在花园某处，他发现了精心策划的水把戏："一旦触动一处泉水，整个岩洞中都会充满水，所有座椅上都朝你涌出细小的水流，为逃离袭击，你会躲到通向城堡的阶梯，于是会触动另一个隐藏的机关，引起无数喷射水流，它们形成淋浴淹没你，直到你逃到阶梯最上方。" [19]

这些意外至少暂时地淋湿客人，带来不适，除此之外，花园修建者也过分喜爱靠水力驱动的更为无害的机械玩具。例如在普拉托利诺别墅，隐藏的机械使人偶移动，更引人注目的是驱动人造的动物模型跳进水中，它们喝水并游来游去。在海尔布伦城堡，人偶在池子里游泳，同时不断喷水；鸟儿在钟乳石间吹奏。或许在这些用水力驱动的机巧中，最广为人知的是艾斯特庄园，蒙田以及（后来）约翰·依夫林（John Evelyn）都加以赞扬。蒙田写道，来到园子里的猫头鹰和小鸟喷泉，"你听到各种鸟儿的鸣唱和谐混杂"，这是人造的声响，是水遇到阻塞的空气产生的作用。"当触碰一处泉水，你驱动一只人造的猫头鹰出现在岩石顶上，它的现身突然打断了以前的和谐，使小鸟们惊慌失措；然后触动另一处泉水，猫头鹰退去，鸟儿又开始发声；只要喜欢，你就可以继续这个游戏。" [20]

47—49

自从 17 世纪末以来，当人们日益接受如画式的自然花园，击水跳跃、水花四溅，或是用水编织花哨图案的把戏便不再流行。但正如上文指出，自然仍被视为一个"原始女神"，艺术家兼园艺师有义务去除她"错谬的意外"，使她的形式臻于完美。兰斯洛特·布朗欣赏宁静或倾泻的水，不喜欢喷射水流的喷泉，但是正如威廉·柯珀（William Cowper）*在以下诗句中指出，布朗创造的也是十足的人工制品：

> 他诉说。面前的湖泊变成草地；
> 树林消失，丘陵退却，谷地升起：
> 而河流，好像造出为他所用，
> 追随他的指挥棒流淌，
> 时而轻声细语，时而像瀑布吼声如雷——
> 遵循他的吩咐！ 21

权力使修建者可能随心所欲，对大自然颐指气使，最终他觉得疲惫和无聊，或许产生了负罪感；于是修建者为自己的所作所为规定限度，说服自己，由来自大自然的外部规律而非他本人主导这类约束。因此他谴责过

---

* 柯珀（1731—1800），英国著名诗人，描写日常生活和乡村场景，浪漫主义诗歌的先行者之一。

分的矫揉造作，赞美"回归自然"。虽然他仍旧行使权力，但具有一种自豪和卖弄的约束，这进一步混淆了艺术作品中自然之物的含义。我们已经见识了在过去，尤其是从 1500 年至 1700 年，当权力运用尚处幼稚和毫无限制的阶段时，人们如何摆弄水。现在我们讨论植物。

人们以各种方式摆弄实验植物，有些天真无辜，富有想象力，有些却必须被称为极端任性，有悖常理。在园艺工作的长期历史中，一种常见的摆弄形式是将植物从天然生长地连根拔起，移植到陌生之地。要在帝王的规格上摆弄和实验，草木的种类必须恰当，越有异国风情价值就越高。哈舍普苏特（Hatshepsut）女王从公元前约 1486 年至前 1468 年统治埃及，她想要一种名为乳香的稀有香料，此物要从乳香树的树脂中提炼。当时这种树只生长在东非朋特（索马里）的土地上。于是她派遣一个使团将树的样本带回埃及。使命完成了。这些树在新家园看来欣欣向荣，在人的看管下，每株分别栽种在一盆土中。

自从哈舍普苏特女王的时代以来，各地的王公贵胄——只要他喜欢花园——不惜重金，不遗余力地将奇花异草带回自己的国度，增加国土的神秘壮观程度。能够从全世界搜罗珍奇物种的时代到来了。在 17 世纪初叶，罗马的豪门大族能够从诸如印度、好望角、中南美洲、加勒比海岛屿和北美大陆这样的天涯海角收集花木。红衣主教巴贝里尼（Barberini）的收藏显示出植物的多样性。其中较为重要的样本有埃及纸莎草、木芙蓉、紫荆树、罗望子树、漆树、丝兰、秋海棠、西番莲、异国茉莉、大"加拿大"草莓、晚香玉、孤挺花、龙头花（亦称雅各宾百合）、深红半边莲（亦称红衣主教花）。[22]

除了提高名望并表现出欣欣向荣的生机，这些来自遥远国家的异国品种满足了文艺复兴时期人们对稀奇古怪的渴望。国内不同寻常的花卉在某种程度上也可以满足这种渴望。在英国都铎王朝，某些花卉似乎仅仅因为新奇而颇受青睐，诸如被称为蜗牛或是巴巴里纽扣的三瓣小花，约翰·帕金森（John Parkinson）在他1629年出版的书中描述它是"淑女的可爱玩具"。花卉可以是玩物，有些花的名字十分逗趣，比如花中花、傻樱草、暴发户小子；村民用暴发户小子称呼所有不同寻常的东西。

都铎时代的花园栽种很多有用的草木，包括果树。成熟果实的形状总在意料之中。然而更喜欢嬉戏的园艺师会探究是否必定如此。能够把果实的形状变得更有趣吗？只要在果子尚未成熟时将它限制在模具中就可以办到。人可以做的似乎了无止境。正如弗朗西斯·培根说："你可以种出长如手杖的黄瓜；或者使黄瓜其圆如球；或是成十字状。你也可以使苹果形如梨子或柠檬。你也可以使果实的形状恰如你制造的模具，比如说人形、野兽形或鸟形。"[23]

据约翰·帕金森所述，征服自然的愿望表现为制造罕见奇物，这促使人们捏造成就，沉溺于无根据的吹嘘。有些作者的论述显得好像他们有办法"复制想要的花卉，随心所欲给花朵颜色和味道，使花在指定的时间开放"。帕金森继续说道，有些错误"历史悠久，因习俗而延续很久，其余的是后来的发明，因此更应该受到谴责，现今有头脑和判断力的人竟会在著作中表明，他们十分相信这类毫无根据的诱惑，这是十分可笑的"。[24]

在帕金森的时代，人们希望随心所欲地摆弄花卉水果，但是缺少达到目的的技术。这种愿望延续至今。现在到了 20 世纪，基因科学使花卉行家们可能发挥无穷的想象力，仍旧有希望实现愿望。在埃莉诺·佩伦依（Eleanor Perenyi）笔下，一位杂交工作者现在能够：

拿过一朵普通的花，使花瓣增加两倍或三倍，使花瓣起皱卷曲。他能够使紫菀看来像菊花，郁金香像牡丹，金盏花像康乃馨，例子数不胜数……他能使巨大变得矮小，反之亦然。最重要的是，他能够搞乱一种植物的通常色谱，因此它不再对人眼释放熟悉的信息。伯比种子公司数年来一直举办一场竞赛，对培育出白色金盏花的人奖励一万美金，但从未解释为何白色却名为金盏的花卉更受欢迎。对一群受到训练、偏好所有脱离自然之处的观众是无需解释的。类似情形还包括黄绿色水仙、淡紫色金针花、粉色勿忘我以及双色花几乎随处可见。25

在人类有力量改变一种植物的颜色和味道，或是"将巨大变得矮小"之前很久，他们就能够通过修剪术改变植物的形状。将草木视为雕塑材料，随意改变的观点在西方文明中源远流长；而且这种态度会延续下来或是再度流行。在古埃及，园艺师们禁不住诱惑，将树木修剪成球形和圆柱形。古代罗马人在嬉戏方面毫无节制。树篱修剪成为一种艺术，最终以树木造型术为人所知。小普林尼沉溺此事。他描述自己在托斯卡纳的别墅时，提到有个地方的黄杨树被剪成各种形状，"甚至字母状，先拼出主人的名字，然后是艺术家的名字"。这表明那些时代对所有权和艺术的虚荣心。小普林尼的别墅将树修剪成动物形状，无疑在其他罗马人的庄园也是如此。26

中世纪园艺师们摆弄植物材料的方式是创造乔木和修剪树篱。一座华丽的草木建筑是个迷宫，有时被称

52

为代达罗斯之屋（House of Daedalus）。在英国可能早在12世纪就存在这样的迷宫。据说英王亨利二世将他深爱的佳人罗莎蒙德（Fair Rosamond）藏匿在伍德斯托克的一座植物搭建的建筑里。[27] 无论1400年之前曲径迷宫的地位如何，到都铎时期已经流行。曲径迷宫迎合都铎时期的娱乐和幽默感，而且当时人们将花园用作消遣和戏耍之地。主人的乐趣是让客人们迷失在繁复的曲径中，在他们呼救时去解救。根据绘画艺术提供的证据，我们知晓园艺师将某些独树和灌木修剪成华丽的形状，将树置于花圃中央，树冠修剪得好像三层花环。五朔节 * 时可能将人造果子挂在花环下（图7），可能将一些灌木修剪成野鸡状。悬挂人造果子并经过修剪的树和野鸡状的灌木似乎都受到东征十字军带回的想法的启发。植物野鸡取代了在东方极乐园中高视阔步的真正野鸡；被装饰和修剪的树可能受到传说的影响，传说中在东方的宫阙花园中有缀满珠宝的人工树。

1400年之前，人们已经知晓并在较低程度上实施树木造型术。15世纪期间，树木造型术开始在意大利的一些花园中占据显著地位（图8）。其中一个花园属于佛罗伦萨的富商乔万尼·鲁切莱（Giovanni Rucellai），

53—54

---

* 五朔节（May Day），欧洲的传统节日，在每年5月1日，人们会利用树干制做成"五月柱"以示庆祝。

图7　1460年春季节庆时使用的人造五月柱。人们将人造的果子吊在树冠上吸引舞蹈者。引自《中世纪花园》，图146

图8 树木造型术：科隆纳修士在15世纪中叶的插图本《寻爱绮梦》一书中设想经过修剪的黄杨树篱。引自《中世纪花园》，图143

他是建筑师莱内·巴蒂斯塔·阿伯蒂的朋友。鲁切莱保存着一本日记，讲述他因 1459 年的瘟疫而无所事事。在日记中他对花园雕塑的描述只谈到陶土花瓶，却对修剪的黄杨大费笔墨。花园某处的黄杨树被修剪成不同物体的形状，有巨人和半人半马、船舶、战舰、庙宇、箭矢、男人、女人、教皇、红衣主教、龙以及各式各样的动物。[28]

　　两部文学作品进一步为 15 世纪下半叶植物建筑和雕塑的广为流行提供了佐证。第一本书是《寻爱绮梦》（*Dream of Poliphilus*），据悉作者是弗兰切斯科·科隆纳（Francesco Colonna），威尼斯多明我会的一个修士，该书于 1499 年初版。树木造型术的效果看来主宰了科隆纳的花园，乔木和灌木被修剪成亭台和喷泉的形状，并模仿动物雕塑。第二本诗意盎然的著作名为《金苹果园》（*De Hortis Hesperidum*），作者是乔万尼·庞塔诺（Jovianus Pontanus），写于约 1500 年。当提出以下建议时，庞塔诺脑子里很可能想的是鲁切莱的别墅花园：

　　感谢园艺师持续不断的照料和关注，树木开始抽枝长叶，此时为每棵树选择任务，将无形无状的一片枝叶变成美丽的各种形状。使一棵树攀援成高塔或堡垒，另一棵弯成矛或弓；让一棵强健如壕沟或墙垣；一棵像小号，

91

叫醒男人准备战斗，召集主人投入战役。因此依靠技术、时间、天然的力量和精心培植，你能够将树变成很多新形状，就像将毛线织成地毯上的各色花式颜色。[29]

树木造型园艺的重要性因时因地而异。接近 16 世纪末，在意大利人中，至少以前对较为华丽的形状的热情开始消退。人们日益强调花园的整体设计，趋于约束对树木造型的热情。如果需要发挥奇思怪想，可以从事石雕，而不是植物雕塑：比如维奇诺·奥西尼公爵（Duke Vicino Orsini）在维泰博附近的博马佐花园，园中的石雕荒诞不经，包括同母狮搏斗的翼龙（图 9），一只巨大的乌龟，几只熊，一名被象鼻子俘获的罗马士兵，以及巨人们。[30]

在法国，流行的树木造型主要表现为建筑，而非动物的各种形状。雅克·布瓦索（Jacques Boyceau）写作《论园艺依据自然和艺术之理性》（*Traite du jardinage selon les raisons de la nature et de l'art*, 1638），明确阐述了绿色建筑在理想花园中的重要性；此人是当时颇负盛名的设计师，也是一位推崇因安德烈·勒·诺特而著称的风格的先驱。在书中他主张用树木构建房间和亭台，建议为它们设置门窗，通过持续捆扎和修剪小心维护。他说通过提供门窗、拱廊和壁龛，

图 9　在维奇诺·奥西尼公爵位于维泰博附近的博马佐花园中，一头翼龙与母狮搏斗的石雕，绘于 16 世纪中期。引自《花园的艺术》第 19 页，韦恩·豪厄尔重绘

甚至可以将功用性树篱改变成景观中的建筑特色。[31] 在英国，弗朗西斯·培根表达了对树木造型幻想的厌恶，认为它们无非是孩子的玩具。另一方面，他对树篱的设想充满嬉笑的意味。他写道："花园最好是方形，四面都有壮观的拱形树篱环绕……拱形的整个边缘高约 1.2 米，也建在木工制作的框上；树篱上部的每个拱形都有个小塔楼，它的腹部足以放个鸟笼；拱形之间的空间安置其他小塑像，还有五彩镀金玻璃制成的宽大圆盘，供阳光嬉戏。"[32]

尽管存在诸如培根那样的指摘，英国的树木造型艺术品在整个 17 世纪继续繁荣，的确在 17 世纪末达到浮华的新高度。其中最引人注目的例证是威斯特莫兰郡的利文思庄园，在那里一位叫博蒙（Beaumont）的人 * 大约于 1689 年开始在房屋周围打造古怪的绿色雕塑，包括雨伞、蘑菇和国际象棋棋子（图 10）。如果要衡量当时的品位，更明显的标准是这些修剪的树篱和乔木在景观中的普遍性。根据西莉亚·菲尼斯（Celia Fiennes）写于 1685 年至 1697 年期间的游记，我们的印象是至少在英格兰的某些部分，它们比比皆是。菲尼斯写道："埃普索姆距伦敦 24 公里，那里几乎所有门前都有修剪

57—59

---

* 应指 17 世纪法国园艺师纪尧姆·博蒙（Guillaume Beaumont）。

奇异的树篱和乔木；人们将一排排树削平，在大约三四
码高的地方搭建棚屋式木架，将枝条削平编在木架上；
等树的主干长高后，将树顶以下的枝条砍光，将树顶削
成圆形……"33

　　像利文思庄园那种古怪的树木造型引起了嘲讽，其
中最尖锐、最广为人知的是亚历山大·蒲柏在1712年
的作品。蒲柏杜撰了一个销售账单，他的商品包括：

　　紫衫树亚当和夏娃；因为智慧之树在暴风雨中倒了，

　　图10　英格兰北部威斯特莫兰郡利文思庄园中的灌木造型花
园。引自克利福德《花园设计的历史》(D. Clifford, *A History of
Garden Design*)，London：Faber and Faber，1967，图56

亚当受到打击；夏娃和蛇欣欣向荣。

巴别塔，尚未建成。*

黄杨树圣·乔治；他的兵器还不够长，但是长到明年 4 月就可以刺入恶龙了。**

一头树篱猪，疯长成豪猪只因在下雨的一周里被忘记修剪。

长在薰衣草小猪的肚窝里的鼠尾草。34

蒲柏的冷嘲热讽标志着英国品位开始剧烈转变，时兴颂扬不那么明显地被艺术力量束缚，更呼唤自然的景色。在 18 世纪，高高喷射的喷泉和繁盛的树木造型不再随处可见。另一方面，奇思怪想的树木造型并未消失。在整个 18 世纪、19 世纪以及我们的时代仍旧有人锲而不舍（图 11）。似乎人们很难放弃在认为适当的时候使用大剪刀的权力。树篱雕塑很有趣味，具有挑战性，赋予人一种权力意识。1942 年一位园艺师受雇在科威海西勋爵（Lord Covehithe）的萨福克郡伊斯顿地产上工作，他说："树木造型吗，这里很多，这是一种责任感很强的工作。只要剪错一刀，野鸡就变成了鸭

---

* 在《圣经·创世记》中，人类力图造一座通天的巴别塔，但被天主阻止。

** 根据不列颠岛上先民的传说，大约在公元前几个世纪，一个名叫圣·乔治的骑士杀死了一头恶龙。

图 11　位于罗德岛纽泼特的绿色动物造型花园，提供了当代树木造型之奇思妙想的例证。承蒙纽泼特保护协会提供

子。通常是园艺师本人决定造型。有时我们想剪成可怕的东西……当然从未动手。甚至当开始使用机械修剪刀时，我们仍旧保留树木造型。这很值得自豪，任何种类的树篱修剪都值得自豪。"[35] 科威海西勋爵的园艺师们可能抵制了剪出"可怕之物"的诱惑，但是有些加利福尼亚人却不太循规蹈矩。1981 年，一些圣地亚哥的居民因为邻居将树篱修剪成男人阳具的形状而状告邻居，原告声称这些树木造型淫秽下流，破坏了当地的景致。[36]

60

******

　　园艺师们以很多方式摆弄草木。有段时期他们崇尚使植物变得矮小，这是更大规模努力中的一个步骤，目的是将旷野压缩成玩具般的尺寸。当能够将自然放在手掌中时，人会感觉对自然的控制绝对而完全。虽然在文艺复兴时期树木造型（topiary art）已经意味着植物雕塑，但 topia 这个词在古代有其他含义，其中之一是"微型园林"，比如在罗马房屋内廊柱围绕的中庭里所能见到的。这些微型园林可能是庭院墙上浅浮雕风景的派生物，它们可以追溯到希腊化时代。浅浮雕，独立的微雕，以及壁画景观艺术（我们在上文曾讨论）代表力图将被改变和驯服的自然置于房屋局限之内的种种努力。庞贝的一些房屋有壁画描绘花园；其他一些府邸还有三维的微型景观。其中一种展示了一个很小的水阶梯和池子，装饰着很小的赫尔墨斯（Hermes）*塑像和水鸟图绘。在小普林尼的托斯卡纳庄园里布置着矮小的树木和微型花园，模仿乡村景色。我们不清楚是否他在用岩石来代表山峦。岩石是罗马园林设计的重要特色，被放置在洞穴周围营造旷野的氛围。这种在洞穴周围的景观布

---

*　赫尔墨斯是希腊神话中的生育、旅人和畜牧之神，也是众神的使者，奥林匹斯的十二主神之一。

局可被视为微型化的努力。

　　我们在罗马世界发现了微型化的证据，而这种进程无疑也是东方的特长且持续至今。盆景是中国、日本以及东南亚独具特色的艺术形式。[37] 壮观的自然经过压缩，因此可以放在能移动的盆中，安置在花园或房屋的台座上。那么制作微型景观的动机是什么？最普遍的回答是对权力的渴望，在魔幻宗教和美学艺术的背景下，这一回答都是正确的。

　　典型的东方盆景具有三个主要的非人类成分：岩石、植物和水。岩石代表山峦，植物代表树木或森林，水代表湖泊或海。在微型化发源的主要中心中国，岩石可能是三种成分中最古老以及最重要的。没有山就没有景观：植物和水没有山重要。一种最古老的山峦模型被称作"博山炉"。[38] 这是一种陶瓷或青铜的香炉，制作成群峰的形状，出现在秦朝或汉朝初期。博山炉中燃烧的香火从炉上的孔洞中飘出，萦绕炉上，如同耸立的山峰间漂浮的水汽。对于中国人而言，山和水汽（岩石和水）是支配力的古老象征，中国人力图通过各种魔幻宗教手段捕获自然的这种支配力，博山炉是方法之一。另一个是挂在道家高人拐杖上的圣山像。道家认为如果复制了一座体积大大压缩的山，他便能够集中关注并收集山的超自然气韵，然后接触这些气。圣山像的体积同真

61

山越是南辕北辙，它力道可能越强大：这个想法基于一种类比，即道士熬煮药材得到其中的精华。[39]

盆景可能只有岩石沙土。不过通常也放置矮小的植物和水。完整的盆景还有很小的亭台楼阁和各种塑像：这是缩小了尺寸的全部世界。这种特殊的艺术形式何时诞生于世？文献证据表明唐朝时已经存在，或许已经造型精美，到宋朝时更是繁荣昌盛。宋朝绘画展示出的场景是，人们将盆景摆放在屋里、园子里（在自然的模拟中再创造自然的模拟）、屋外孩子玩耍的地方，甚至在养蚕的桑园里。桑园里的盆景表明到这个时期，这种艺术形式已不再仅仅是达官贵人的修养，并没有与一般百姓的工作环境隔绝。[40]

西方世界喜欢主要将微型花园同日本人联系起来，冠之以盆栽（bonsai）之名。然而这是个中文词汇，而且日文百科全书指出这是一种外来艺术，在 6 世纪或 7 世纪时传入日本诸岛。同中国的实践相比，日本盆栽保留了更多的美学严肃性。它仍旧是上层人士的一种趣味。原因之一可能是在德川幕府时代（1603—1867），当和平成为常态，武士阶级的成员们日益厌倦闲暇的无所事事。少数武士放弃了高人一等的身份，开始经商，但仍有很多空闲。这些前武士中有些喜欢艺术，他们着手从事很费时间的业余爱好，包括培育矮小的树木。在

62

武士的宗教苦行主义和日本盆栽艺术的宗教美学之间似乎存在联系。

像东方大师那样矮化树木是摆布自然的最精致手段之一。由于严酷的气候和土壤，野外显然也存在矮小树木。盆栽园艺师成功地模仿了自然界毫不留情的严苛天性。要在这一行出人头地，这类艺术家兼工匠就得像著名的将军和外科医生一样，不能仅仅容忍，而必须以行使力量为乐——喜欢使用刀、手术刀和大剪刀。我们应该指出，如此遏制植物生长是园艺的例行步骤，绝不局限于东方园林。在西方世界也用这种办法种植厚密的矮树篱。埃莉诺·佩伦依在她所著《绿色思想》(*Green Thoughts*) 中声称发现了欧洲和美国园艺师的差异：欧洲人愿意遵守一种修剪和约束规则，将能够长大的树木变成浓密的矮树屏障，这一规则是如此坚持不懈和野蛮，以至于美国园艺师不愿多想。[41]

然而是在东方而不是欧洲，矮化和改造草木的进程发展到巅峰。这些古老实践的历史同长生不死的愿望休戚相关。道教是灵感的早期来源。如果说岩石象征着支配力，被遏制和扭曲的草木就意味着绵长的寿命。在同一个盆栽中，多节扭曲的小矮树可能立在一个弓腰驼背的小人旁，二者均长生不死。而且二者均通过类似的手段达到长生不死。由于减缓活力，草木发育不足，表现出一副极其衰老的样貌；同样，道家高人通过练气功来减缓气在周身的流通，希望能延年益寿，他们会由于年高而弓腰弯背，但是能够得道成仙，进入洞穴般的彼世。[42]

一旦中国园艺师们学会如何自由摆弄植物的生长，他们有时会心血来潮。洞穴岩石和弯曲树木具有的宗教重要性让位于权力的游戏，园艺师创造的怪诞荒谬胜过美丽或奇异（图 12）。早在 12 世纪，在宋徽宗的园子里已经可以发现这种过分之举的迹象，那里一些松树的枝干扭曲打结，看起来像篷罩、仙鹤和龙（图 13）。在后来的数个世纪里，这种过度扭曲成为园林中受到推崇的特色，在近现代还有人接受这种做法，从而表明了中国人的个性和文化。

受到中国影响的国家也表现出类似的嗜好，喜欢折磨 [torturing，源自意指扭曲（twisting）的拉丁词] 植物的生命。在越南，园中树木的枝干同中国的类似，可能弯曲变形成动物的形状。[43] 在日本的盆栽艺术中，矮化和弯曲达到一种过度的精致。园子里的普通树木虽然被扭曲，却仍旧能够高达数尺，扎根于一般的土壤；与它们不同，盆栽里的树只有几寸高，根须从不接触坚实的土地。为培育一个盆栽，园艺师必须很早就对植物严格训练。植物本身需要足够强韧，能经受强加于它的严酷改造。基本技术是修剪和用金属丝捆绑，还需缠

　　图 12　上海苗圃中的这个现代样本为矮化和扭曲树木的古老艺术提供了现实例证，可以看到树干被弯曲捆绑直到长成打结状。引自玛吉·凯瑟克《中国园林》第 38 页（Maggie Keswick, *The Chinese Garden*），New York：Rizzoli，1978，第 38 页，韦恩·豪厄尔重绘

　　图 13　杭州一座现代园林中的"鹿形"树。宋徽宗园林中的"龙"树可能与此相似。引自玛吉·凯瑟克《中国园林》第 54 页，韦恩·豪厄尔重绘

绕、支撑、承受牵引和重负。当打开一个现代盆栽园艺师的工具箱，会见到各种工具，包括用来割断金属丝的侧割刀；一把用作切割钩的细螺丝刀，锥锋弯曲成 45 度；一把锋利的小折刀或是手术刀；还有各种铜丝、刷子、小铲子和小夹钳。当人们清楚并反思了工具箱中的装备，必定会质疑打造盆栽是不是真正人道的艺术。[44]

******

植物的生命有自身的迫切需要，可能同人类的需求和愿望背道而驰。在对彼世的梦想中，万事万物都很完美，那里常常出现果实和花卉；它们很可能是那个完美世界的基本成分，但是对它们的态度，以及对整个有机自然界的态度，却令人奇怪地模棱两可。在《圣经·创世记》中，伊甸园是一幅纯真的有机物图景。与此相反，《圣经·启示录》中的上帝之城却完全是个矿物化和宝石镶嵌的世界，既无树也无水。根据拜火教，极乐花园里可想而知遍布果实花朵，但那里也有光亮的黄金小径以及装饰有钻石珍珠的游乐亭阁。此外，有资格进入这个极乐世界的是运河的挖掘者与喷泉以及导水管的修建者，即积极改变自然和地球的人们。

人们非常向往树木和花果。但它们寿命不长，或是会在人们偏好的时间之外开花结果。东方的王公贵胄表

66

现出一种喜好，用比较经久耐用的材料制成假花假果，取代或是补充地球上的自然天成。在隋炀帝时期洛阳城外的花园里，当秋天枫树落叶时，便用闪光布料制成叶片花朵装饰林木；除了真正的荷花莲花，还用人工的莲荷装点湖水。[45] 在信仰伊斯兰教的波斯，人们似乎因明了树木和花果无法持久生存而消减了对它们的热爱。而且有机物的非永久性暗示人类权力的局限和短暂。波斯统治者因此选择人工树作为更经久持续的象征。根据诗人菲尔多西（Firdausi，约 940—1020）*的陈述，我们得知国王凯霍思鲁（Kay Khusraw）有一棵树，树干是银制的，树杈用黄金和红宝石制成。在 11 至 12 世纪的伽色尼王朝时期，波斯宫廷装点着黄金打造的树，两旁摆放的银盆中是人工制作的水仙。蒙古人在 13 和 14 世纪统治波斯，宫廷里装饰着类似的树木。除了贵金属和宝石，也使用其他材料制作花果。被称作"假花匠人"（nakhlband）的工匠从事一种不起眼但古老的艺术，他们用纸、胶、蜡和油漆制作树木、花果和盆景。在王公贵族之下，不太富有的百姓买得起这些较为廉价的艺术品。但不仅是不太富裕的百姓使用这类饰物，在波斯恺加王朝（Qajar period，1779—1925）时期，在通往国

---

*　菲尔多西是波斯著名诗人，最重要作品是民族史诗《列王纪》。

王室外御座的街边，陈列着插满纸花的花瓶。[46]

有几乎500年之久，巴格达是宗教领袖的居住地，因此是阿拉伯世界的政治和商业中心。在这个时期，底格里斯河岸以及邻近地方修建了辉煌的宫殿和花园。拜占庭帝国的使臣们在917年拜访巴格达，他们报道了这些奇观。其中之一是一个新建的亭阁（gausak），即花园环绕的娱乐屋。花园中有700株矮小的棕榈树，整个树干包裹着柚木片，用镀金的铜环固定。阿拉伯人敬仰他们真正家乡的树木棕榈树，然而他们似乎感觉树干丑陋，于是有钱人斥资用昂贵的材料包装树干。矮小并被包装的棕榈树于是部分地变成了贵重的人工制品。彻头彻尾变成人工制品的是矿物树，这是拜占庭和阿拉伯宫廷的常见特色。一棵上乘的矿物树立在巴格达的树屋，这个屋宇重叠的宫苑比亭阁还令拜占庭使臣们惊叹。这棵树有18根金银制作的大枝丫，数不胜数的树杈上覆盖着宝石制作的果实。枝丫上还栖息着金银制成的小鸟，当轻风穿树而过，便发出和谐的哨音和叹息声。[47]

东方的财富令东征的十字军印象深刻。自从12世纪以来，欧洲花园日益显示出欣赏娱乐活动和光彩夺目的人工制品的迹象，这反映了拜占庭和阿拉伯宫廷的影响。我们已经指出，中世纪欧洲花园里一些树的树冠被修剪成三层伞状，人造果实可能悬于冠下。有些五月柱用金属制作，人们围着树舞蹈。在文学作品中，甚至在十字军东征之前，东方影响就通过拜占庭宫廷渗入西方。968年，当意大利克雷蒙纳的主教留特普兰德（Liutprand）见到君士坦丁堡的皇宫之后，他感慨良多，详尽陈述了御座以及宫中的黄金树和树上鸣唱的小鸟。到 13 世纪，十字军骑士屡屡讲述这类故事，受此影响，金银宝石制成的树木以及树上鸣唱的机械鸟在西方诗篇中变成了例行的象征，标志着极乐园的美丽和神秘［例如沃尔夫拉姆·冯·埃什巴赫（Wolfram von Eschenbach）* 所作《蒂图埃尔》（Titurel）中的黄金树和鸣唱的小鸟］。[48]

******

　　虽然树木一旦种下便不再移动，但枝叶好像会随心所欲地生长变化，对此必须不断约束。征服抵制自有乐趣；当生长中的植物对人类关照做出回应时，植物本身也乐在其中。人们能够像对待宠物一样驯服和关照草木，但有时即便植物宠物也会带来麻烦。在 19 世纪最后 25 年，中上层家庭中流行的一种装饰风格是将蕨类植物盆景高悬于凸形窗边，植物的落叶会散落在窗台和地板上。当不易雇到仆人时，人们更愿意保留完全没有

---

*　埃什巴赫（约 1170—1220），德国诗人，贫穷的巴伐利亚骑士，所撰史诗《帕西法尔》是中世纪最富深意的佳作之一。

需求的植物，即人工仿制的花草。有一些家庭以及更多的商业机构，为了降低消费、减少麻烦，会用人工绿植和花卉代替真物。市政当局也许发现已经不再能够承担维护活树的费用，可能会考虑利用具有各种样式和颜色的塑料树的树荫来提供遮阳这类基本服务。[49] 但是在文雅的设计师眼中，人工草木不仅是不得已而为之的替代品。铝制的树木不是为了激起对乡村的怀念，对于大城市，尤其是对于城中的娱乐区，它们的作用是为了强化光彩夺目的环境——呈现一个没有时间的世界，这个世界拒绝有机物，因为有机物不可避免地暗示短暂、生长和腐败。人工树不仅是现代的一时风尚。我们已经见到无机的树和果实的思想是如何受人尊崇。在所有发达文化中都表现出这种对无机物的需求，这反映出人类对待生命极其模棱两可的态度。

1 《四书》(Mencius, *The Four books*)，bk.6，pt.1，852。

2 Jacques Gernet, *Daily Life in China on the Eve of the Mongol Invasion 1250-1276* (London: George Allen and Unwin, 1962)，51-52；A. C. Moule, *Quinsai* (London: Cambridge University Press, 1957)，29-30.

3 李约瑟:《中国科学技术史》(Needham, *Science and Civilization in China*)，133-34。

4 Wilber, *Persian Gardens*, 15.

5 Crowe et al., *The Gardens of Mughul India*, 45，140，148，158；Jonas Lehrman, *Earthly Paradise: Garden and Courtyard in Islam* (Berkeley and Los Angeles: University of California Press, 1980)，113.

6　Pierre Grimal, *Les Jardins Romains*（Paris: Presses Universitaires de France, 1969）, 293.

7　Helen H. Tanzer, *The Villas of Pliny of Younger*（New York: Columbia University Press, 1924）, 23.

8　Eleanor Clark, *Rome and A Villa*（Garden City, N.Y.: Doubleday, 1952）, 148.

9　Hunter Rouse and Simon Ince, *History of Hydraulics*（New York: Dover, 1963）, 32. "虽然依据弗龙蒂努斯（Frontinus），它们都像筛子一样漏水，但另一个流行的看法是，导水管是罗马工程天才卓有成效的成就。"参见 H. C. V. Morton, *The Waters of Rome*（London: Connoisseur and Joseph, 1966）, 35。

10　David R. Coffin, *The Villa d'Este at Tivoli*（Princeton: Princeton University Press, 1960）, 38.

11　Georgina Masson, *Italian Gardens*（New York: Abrams, 1961）, 136.

12　Morton, *Waters of Rome*, 288.

13　引自 Peter Coats, *Great Gardens of the Western World*（New York: Putnam, 1963）, 87。

14　Norton, *Saint-Simon at Versailles*, 262.

15　Adams, *The French Garden*, 88.

16　Fox, *André le Nôtre*, 101–02.

17　Adams, *The French Garden*, 88.

18　Fairbrother, *Men and Gardens*, 96; George F. Hervey and Jack Hems, *The Book of the Garden Pond*（London: Faber and Faber, 1970）, 27; Needhams, *Science and Civilization in China*, 157; Coffin, *Villa d'Este*, 28.

19　*The Complete Works of Michael de Montaigne*, "Montaigne's Journey into Italy," trans. William Hazlitt（New York: Worthington, 1889）, 591.

20　Montaigne, *Complete Works*, 612.

21　William Cowper, *Poetry and Prose*, Brian Spiller 编（London: Rupert Hart-Davis, 1968）, 462。

22　Masson, *Italian Gardens*, 148.

23　Francis Bacon, *Sylva Sylvarum or a Natural History*（first published in 1627）, in *The Works of Francis Bacon*（Boston: Brown and Taggard, 1862）, 5: 392.

24　John Parkinson, *Paradisi in Sole Paradisus Terrestris*（1629; reprint, Amsterdam: Theatrum Orbis Terrarum, 1975）, 22, 245, 338–39.

25　Eleanor Perényi, *Green Thoughts: A writer in the Garden*（New York: Random House, 1981）, 33.

26　Tanzer, *Villas of Pliny*, 18, 22–23.

27　McLean, *Medieval English Gardens*, 100.

28　Giovanni Rucellai, *Ed Il suo Zibaldone*, ed. Alessandro Perosa（London：The Warburg Institute, University of London, 1960）, 21.

29　引自 Marie Luise Gothein, *A History of Garden Art*, trans. Mrs. Archer-Hind（New York：Dutton, 1928）, 1：212–13.

30　Hadfield, *The Art of the Garden*, 19.

31　Franklin Hamilton Hazlehurst, *Jacques Boyceau and the French Formal Garden*（Athens：University of Georgia Press, 1966）, 39.

32　Francis Bacon, *Of Gardens*（1625; reprint, Northampton, Mass.：Gehenna Press, 1959）.

33　*The Journeys of Celia Fiennes, or Through England on a Side Saddle in the Time of William and Mary 1685–1697*, ed. Christopher Morris（London：Cresset Press, 1947）, 341.

34　Alexander Pope in *The Guardian*, September 29, 1713, no.173; 引自 Malins, *English Landscaping and Literature*, 23–24。

35　Ronald Blythe, *Akenfield：Portrait of An English Village*（New York：Pantheon Books, 1969）, 107.

36　*Twin Cities Reader*, April 30, May 7, 1981.

37　Rolf Stein, "Jardin en Miniature d'Extrême-Orient," *Bulletin de l'Ecole Française d'Extrême-Orient* 42（1942）：1–104（Hanoi）.

38　Arthur de Carle Sowerby, *Nature in Chinese Art*（New York：John day, 1940）, 156.

39　见 E. Chavannes, *Le T'ai Shan*（Paris：Ernest Leroux, 1910）; Keswick, *Chinese Garden*, 37。

40　Stein, "Jardin en Miniature," 28.

41　Perényi, *Green Thoughts*, 76–78.

42　Keswick, *Chinese garden*, 38.

43　Stein, "Jardin en Miniature," 8; Keswick, *Chinese Garden*, 49.

44　例如 Doug Hall and Don Black, *The South African Bonsai Book*（Capetown：Howard Timmins, 1976）, 20。

45　Keswick, *Chinese Garden*, 49.

46　Wilber, *Persian Gardens*, 8–9.

47　Gothein, *History of Garden Art*, 148–49.

48　Gothein, *History of Garden Art*, 190–91.

49　Martin H. Krieger, "What's Wrong the Plastic Trees?" *Science* 179（1973）：446–55.

第五章

动物：从力量到宠物

一时未曾留意，刘易斯（C.S. Lewis）*断言："在 69
最深刻的意义上，只有驯顺的动物才是天然的动物……
只有在野兽与人类的关系中，以及经由人类与神的关系
中，我们才能理解野兽。"伊芙琳·安德希尔（Evelyn
Underhill）是刘易斯的朋友，她在以下的文字中提
出抗议："你万不能这么认为，你不能认为关在笼子
里的知更鸟不会激怒天上的神灵，**而将此视为很好的
安排。你自己是好家园里的好男人，你有好妻子和好
狗，这样的个例有些沾沾自喜和功利主义，你不认为
这有悖上帝在丛林和深海中造物的野性美吗？如果我
们曾经在一旁打量那种因上帝的荣光和愉悦而存在，
被天主之光照亮的动物本身，我们认为它不是北京狮
子狗（Pekingese）、波斯猫或者金丝雀，它是某种
野外的自由生物，它的生活完全顺应自然，彻底独立
于人。"[1]

安德希尔力图使刘易斯重新相信动物是强大和高贵

---

* 克莱夫·斯特普尔斯·刘易斯（1898—1963），英国20世纪著名文学
家、学者、批评家，也是公认的20世纪最重要的基督教作者之一。
** 这里安德希尔引用了威廉·布莱克《天真的预言术》（*Auguries of
Innocence*）里的诗句："笼子里关着一只知更鸟，会引起天上神灵的恼怒。"

的。这种意识在现代人中很薄弱，一度却在整个世界都很强烈。荒凉和令人惊惧的自然在野生动物和鬼怪的形状中变得鲜活具体。西方世界的边疆史充斥着遭遇自然以及超自然野兽的故事，它们是荒野的意象和可怕骚乱的一部分。起初是近东的沙漠和干旷草原，然后是欧洲和北美的黑森林，人们认为这些地方栖居着残暴的动物、鬼怪和妖魔。直到 1707 年，美国清教徒神学家科顿·马瑟（Cotton Mather）还在撰写出没于新英格兰原始森林的"龙"以及"火焰般的飞蛇"。甚至到 19 世纪晚期，在美国上中西部遥远森林中工作的伐木工还能想象出有关一种虚构野兽的传说。[2] 对荒野的恐惧以及设想那里居住着奇异野兽的癖好当然并不局限于西方。在其他文明的边疆历史中也赫然在目。比如在唐代中国，当移民们开始接触南方的大片热带地区时，力图用捕捉新地区韵味的诗篇描绘那里的动物群，"野象、隆隆雷声孕育的龙、兴风作浪的巨鳌，以及在水下洞穴中发光的巨大蜃蛤，混乱喧嚣"。甚至散文的陈述也喜欢强调令人畏惧和怪异的生物，比如爬行动物、泥泞的无脊椎动物，以及"在湿漉漉的土中骇人听闻的可怕爬行物"。[3]

起初，模糊不明的野兽和鬼怪意味着自然界未知的威胁性力量。后来人们的理智发挥作用，更为清晰地想象动物神明和精灵代表的这些早期力量，其中一些善良，大多数却十分邪恶。最终动物神明可能融入人类世界，成为有序祭拜的一部分。当然这些步骤并不必定彼此衔接，但是如果不存在已消失在史前的更早期阶段，很难设想为何会出现对一种动物神明的有序崇拜，在早期对未知力量的恐惧四处弥漫，很可能化作变幻莫测的吓人形象。

我们通过历史记载和考古发现最为熟知的古希腊和埃及文明已经达到上述认知的后期阶段。对于古希腊人，山间激流体现了大自然较为崎岖艰险的一面，那里栖息着水中精灵。在艺术和文学作品以及民间信仰中，这些动荡不安的精灵是以马的样貌示人的神明，是半人半马的怪物（seilensi）。与此相反，山林水泽间的仙女（Nymphs）是形态美丽的少女，代表大自然更柔和善良的一面。[4] 在埃及，动物作为权力的象征被融入清晰阐述的宗教体系的核心，猎鹰是太阳神荷鲁斯（Horus）的另一形象，而豺是冥王阿努比斯（Anubis）另外的样貌。动物本身可能成为祭拜的对象，或是被视为近似神圣的。这发生在猫身上。猫起初是母狮的象征，被奉献给芭斯德女神。* 然而随着时间的推移，猫——所有

---

* 芭斯德，古埃及女神，相传为太阳神之女，化身为猫，对她的崇拜在新王朝时期（约前 1553—前 1085）到达顶峰。

71

猫——具有了某种神力。据希罗多德所说，若一只猫死在家中，家里所有人都要剃光眉毛。死猫要运到布巴斯提斯城去涂上防腐剂，然后埋葬在神圣的储藏处。人们要为死猫花费大量时间和金钱。20世纪初，经考古发掘出土的猫木乃伊是如此之多，以至于人们为图方便，将它们碾成粉末，撒在地里作肥料。[5]

人类似乎具有无限能力，能够在动物身上发现权力和重要性，这得到了原始宇宙学和天文学传说的说明。在古代上埃及，相传以奶牛形象示人的天空女神哈托尔（Hathor）孕育了太阳，天空被设想成一头巨大无比的奶牛，牛腿树立在地球的四角，众神支撑着她。现代天文学保留古代用语黄道带（zodiac），字面意思是动物代表的"十二宫图"。当古代的天文学家凝望夜空的群星，他们如何能感觉天体状如动物？他们当然不能——不比我们今天强。他们不过力图用众神殿里的动物来命名天空的不同区域，以示尊崇。在古代人的想象中动物具有如此高的支配力，所以在天体和动物之间，他们并不感觉二者大小悬殊，是荒谬的两极。古代人设想天体是神圣的动物，是拥有动物形象的神明，这种想象设法进入了中世纪的信仰。例如有关解经和神秘传统的中世纪抄本描绘了长着动物头的福音派布道人或圣人，这类形象似乎来自长着动物头的魔鬼，它们在早期犹太人、诺斯底派（Gnostic）*和基督教神秘传说中代表天体并主宰人的命运。中世纪晚期的科学也愿意相信，天体不仅有生命，而且是"超级动物"。巴斯的安德拉德（Adelard of Bath）在12世纪初前往西班牙和西西里岛旅行，作为最早到那里的英国科学家之一，他接触到地中海信仰。当他的侄儿向他提出一个非常实际的问题，问"如果星球是动物，它们吃什么食物呢？"时，[6]他并不感到惊讶。

当人们希望表达对自然力量的感觉，不论力量存在于外部世界，还是他们自身，在过去和现在他们都自然而然地使用动物的形象。第一个统治整个美索不达米亚的帝国（约从公元前2500年到2400年）**使用了滚印，印上的野兽形象能够唤起——有史以来的初次——一种巨大力量和残暴的感觉。自此之后，贯穿美索不达米亚和亚述艺术的后期阶段，直到中世纪的纹章艺术，人们都用野兽象征力量和咄咄逼人的气势。在中世纪的纹章艺术中，动物体现正面之力。因此雄狮象征力量之德，雄鹰象征勇气之德。用动物身体的不同部分组成的鬼怪代表邪恶之力，比如狮头鹰和格里芬——一种鹰首狮身

72

---

* 诺斯底派泛指基督教诞生之初的各种哲学和宗教运动，认为拥有诺斯（Gnosis：隐秘的，关于拯救的智慧）的人是有知者。

** 应指萨尔贡一世建立的阿卡德帝国，首次统一整个美索不达米亚地区，位于两河流域，主要在今天的伊拉克一带。

兽。[7]在我们的时代，虽然人们很少同野兽接触，但也会轻易将力量和速度同某种形式的野外生命相提并论。即使科技城的居民也不会感觉力量是用达因＊衡量的抽象之量，而会认为力量是一种身体的冲动和热望。为了唤起潜在买主对力量和速度的感觉，即使这些买主对这些动物并无亲身体验，汽车制造商也会将他们的产品命名为美洲豹、北美野马和猎鹰。在一个充斥着马达和机器的人造世界，机械本身应该传递能量，本无需借助自然界的羽毛和脚爪，美洲豹和北美野马不知为何仍旧唤起了力量的意象。

虽然在艺术和宗教中，人类一直喜欢将动物视为力量的化身，对它们言过其实，但在日常生存中人类以无数方式毫不犹豫地支配和剥削动物。甚至在艺术中对动物的夸张也可能是一种间接抬高人的极为有效的手段。艺术"捕获"了众多猛兽。动物成为御座和宫殿地上雕刻的图案，或是盾形纹章上的标志，它们被用来夸耀自己的人类主人。设想9世纪的拜占庭帝国皇帝，他高坐御座之上，将要在大殿中接见一位外国使臣。他面前匍匐着金色的雄狮，鹰首狮身兽立在身旁，身后矗立着黄金的悬铃木，树枝上精美的鸟儿展示它们镀金的羽衣。

＊　达因，力的单位，使1克质量的物体获得1厘米／秒^{2}加速度所需的力。

当使臣进殿时，鸟儿扬翅鸣唱，鹰首狮身兽转过身来，雄狮们摆尾吼叫。⁸此时机械制造的奇物用黄金宝石包裹，取代了真正的动物，但是以残暴和帝王姿态著称的真动物也可能养在王公贵胄的宫中，用于强调主人居高临下的权势和威严。在忽必烈大汗的宫廷里，马可·波罗对一只活生生的雄狮如何俯首帖耳感到惊愕。"你必须知道，一头大狮子被领到大汗面前；狮子一见大汗便猛然匍匐在他面前，卑躬屈膝之态显而易见，似乎承认大汗是主人。狮子没有被锁起来，却安然不动，确实令人惊叹。"⁹

王公贵胄在筹谋提高本人权势方面确实别具匠心。比如队列，动物在其中发挥了重要作用。队列是古希腊习俗，表面上是为了尊崇阿蒂米斯（Artemis）或是迪奥索斯（Dionysus）*（图14）。公元前3世纪时，提奥克里图斯（Theocritus）**曾提到一支游行队列，其中有"很多野生动物，包括一只母狮"。规模最宏大的队列出现在托勒密二世（前285—前246年）统治下，在当时希腊化世界的中心亚历山大城，众多的人兽用了一整天才通过城市体育馆。迪奥索斯的塑像在前面，尾随其后

---

* 阿蒂米斯是希腊神话中的狩猎女神，被称为"野兽的女主人与荒野的领主"，十二主神之一；迪奥索斯是希腊神话中的酒神，也是十二主神之一。
** 提奥克里图斯（约前300—前260），古希腊诗人，西方牧歌（田园诗）的创始人。

图 14　公元前 2 世纪一幅镶嵌图案的局部，来自突尼斯（现藏于艾尔迪加的古物博物馆），描绘了迪奥索斯的队列。已知最早的大型动物队列出现在托勒密二世时期纪念迪奥索斯的节庆上。引自詹姆斯·费舍尔《世界的动物园》(James Fisher, *Zoos of the World*), London：Aldus Books, 1966, 第 30 页

的是一长串形形色色的动物。一位眼观全场的观众能看到什么呢？24 辆战车，每一辆由 4 头大象拉动。8 对套上轭具的鸵鸟，还有套上轭具的野驴。6 对驮着香料的骆驼，2400 条来自印度、赫卡尼亚、莫罗西亚和其他品种的猎犬。此后是抬着树木的 150 名男子，树上拴着各种野兽和禽鸟。后面是装在笼中的鹦鹉、孔雀、珍珠鸡、雉和"埃塞俄比亚鸟"。随之而至的是埃塞俄比亚绵羊，26 头白色印度公牛，8 头埃塞俄比亚公牛，一头大白熊，14 只豹子，4 只猞猁，16 只猎豹，一只长颈鹿和一头犀牛。在队列的某处还走着 24 只体型巨大的雄狮。[10]

在公元 2 世纪，地理学家帕萨尼亚斯（Pausanias）在帕特雷见到一支"最壮观"的队列，这是每年庆祝女神阿蒂米斯节庆的例行特色。队列中不同寻常的是由雄鹰拖动的一辆车，车中坐着一个女祭司——其不同寻常之处在于将雄鹰套上轭具需要极高的技巧。人们以驯服桀骜不驯的野兽并使之表演而深感自豪。到公元 1 世纪，驯兽表演在希腊罗马世界发展成一门成熟的艺术。表演的大象在奥古斯都时代的圆形竞技场中尤其受欢迎。老普林尼指出，常见的表演是命令大象将武器扔到空中、决斗，以及完成"伴随着音乐的乘骑"。在提比略统治（公元 14—37 年）时期，人们还教大象走绳索。

或许在公元 12 年，日耳曼尼库斯（Germanicus）*举办了一场角斗表演，其间十数头大象跳舞并进餐。尤其逗乐的是观看这些身躯庞大的动物如何在就座的宾客间小心翼翼地行走，来到宴会上它们的席位。老普林尼见证了只要一声令下，表演的公牛便开战或认输，它们被人擒住，扬起牛角，或是像驾车人那样站立在狂奔的车上。[11] 塞涅卡也提到驯兽者的技艺：其中一人可以将手伸到雄狮的口中，另一人敢于亲吻老虎，一个黑人侏儒能够命令大象下跪或是走绳索。[12] 据报道，黑利阿迦巴鲁斯皇帝（Heliogabalus，公元 218—222 年在位）**曾驱赶套上轭具的雄狮、老虎和雄鹰。皇帝喜欢的恶作剧是将驯顺的狮子、豹子和熊在夜间放进醉酒熟睡客人们的房间。这些无牙无爪、残缺不全的野兽确实只是皇帝的玩物。虽然仍旧能够造成伤害，但是相信它们不会如此行事。[13]

　　驯服的稀有动物价值高昂，但是它们正逐渐变成无生命的艺术品。拜占庭皇帝的黄金狮子和忽必烈的活狮都是珍贵的收藏品；尽管狮子是活物，但是它的行动自由是如此微不足道，因此也可以被视为享有盛誉的人工制品。塞涅卡观察评论说，在罗马，有些驯狮的鬃毛被镀金，这个程序可被视为将动物变成艺术品的步骤之

---

* 应为罗马帝国将军日耳曼尼库斯（约前 16—19），皇帝卡利古拉之父。

** 黑利阿迦巴鲁斯或称埃拉伽巴路斯（Elagabalus），罗马帝国皇帝。

一，甚至可以如此摆弄鱼类。共和国后期的罗马贵族在他们的海边别墅中修建精致的池塘，池中养着蛇一样的鳗鱼。据说克拉苏的一条鳗鱼还戴着耳环和宝石项链。普林尼记载说卡利古拉皇帝（Caligula）的祖母安东尼娅也为她的宠物鳗鱼戴上耳环。[14] 在 19 世纪后期的墨西哥，记载了有关这种爱好的不同寻常的例证。那里优雅的女人喜欢将一种强韧的甲壳虫用针别在自己身上，作为一种爬行的装饰。为使这种装饰品存活，必须不时将它们置于潮湿的朽木上。有了这种微不足道的照应，这些甲壳虫装饰可以佩戴数月。在 1962 年，一位从墨西哥归来的贵妇赠送给苏黎世动物园时任负责人海尼·黑蒂格尔（Heini Hediger）一些甲壳虫。每只甲壳虫的上半部都点缀着闪光的小石；一枚小环首螺钉插入甲壳虫坚硬的鞘翅，环上挂着一条闪闪发光的金链。[15]

******

王公贵胄们表现得能支撑宇宙，以此显示他们的力量。这个宇宙的要素之一是囚禁在笼中的兽群。发达文明的一个歧视性特征是喂养各种动物，于是将对秩序的希求同容纳异质性和异国风情的愿望结合起来。此举历史悠久。在萨卡拉出土了一个埃及老王国（大约公元前 2500 年）高官的陵墓，考古学家在墓里发现了几种

76

羊羊的图画，有些戴着项圈，说明它们或是在囚禁中出生，或是很小就被抓住驯养。除了旋角羚（体型大，角长并呈螺旋形）、羱羊（一种野山羊）两种不同属的瞪羚，以及大羚羊（阿拉伯羚羊，角直且锐利），考古学家还发现了猴子和诸如鬣狗类肉食动物的图画。哈舍普苏特女王派出的搜集远征队远赴索马里。他们不仅运回产乳香的树和其他异国植物，还为她的宫廷动物园带回各种动物，其中包括猴子、灵猩、豹子（或是猎豹）、数百只非常高大的牛、各种不同的鸟禽和一只长颈鹿。《圣经·旧约》中的所罗门王是位伟大的农夫和动物学家，据《圣经》记载，除了饲养成群结队的肥牛、绵羊和马群，他还同推罗的希兰王（King Hiram of Tyre）交易园中的观赏动物。"王有他施船只与希兰的船只一同航海，三年一次，装载金银、象牙、猿猴、孔雀回来。"（《圣经·旧约·列王记上》，第 10 章）。[16] 在中国，秦始皇将被灭各国的诸侯及其族人集中到都城居住，毁掉他们以前的宫室。秦始皇在城郭之外围起一片广袤的猎苑，苑中安置藩国进贡的珍奇鸟兽。修建成园林的猎苑像都城一样，成为绵延不绝之帝国的缩影。园中有：*

---

* 引文出自东汉班固的《西都赋》，这里作者似乎在用汉朝的材料说明秦朝之事。

　　九真之麟，大宛之马，黄支之犀，条支之鸟。[17]

　　在中世纪的欧洲，王公贵族们将奇禽异兽养在宫苑城堡中，而城镇居民可能修建熊穴和狮屋。人们圈养野生动物的原因各种各样、难以分辨。粗俗的好奇心、对统辖的自豪、名望和科学兴趣是较为重要的动机。尽管作为极乐园理想的一部分，隐居的修士和野生动物之间建立了早期联系，但是修道院并未感觉需要为了象征性原因在院中建个动物园。确实，圣方济各建立的会团在1260年规定，"除了喂养猫和某些鸟去除不洁之物，任何修士或信徒都不能养动物，不论是由会团还是由个人以会团之名喂养"。可能唯一的例外是创建于9世纪、位于瑞典的圣高尔大修道院。据悉修道院喂养着赠送给修士的各种稀有动物礼物，包括獾、旱獭、熊、鹭和雉。[18]

　　俗世的王公贵胄主要因为自傲和名望喂养稀有兽类，但是了解自然所呈现之美的无私愿望也发挥了作用。就此而言，神圣罗马帝国皇帝、西西里国王腓特烈二世为中世纪晚期和文艺复兴时期的伟大王侯们树立了一个榜样。在腓特烈二世的皇宫中，侠义和学习密不可分。皇帝认为除了狩猎和武功，学问也是高贵的标志。他认为驯鹰术也是一种了解鸟类生活的方式：这是

77

体育运动，同时也提供了研究自然的机会。腓特烈二世
本人写作了一本渊博的论著，题目是《论用鸟禽狩猎之
术》(*On the Art of Hunting with Birds*)，他在 1244
年动笔，但是未能完成。毋庸置疑，被俘获的野生动物
也满足他身为君王的自豪之心。在他众多的进军和征战
中，他身边簇拥着萨拉森保镖，身后是一长串随行的书
记员和占星术士、猎手和驯鹰师。此外野兽也伴随着
他——象征着肉体中凝聚的侠义，对王致以敬意。1231
年 11 月他到达拉维纳，尾随其后的是一长串大象、单
峰驼、双峰驼、黑豹、矛隼、狮子、豹子、白色猎鹰和
有胡须的猫头鹰。1245 年，"在维罗纳的圣芝诺，修士
们为了对皇帝献殷勤，不得不用一头象、5 只豹子和 24
头骆驼讨他欢心"。[19]

　　或许前现代时期的最宏大动物园位于被征服前的墨
西哥阿兹特克。埃尔南·科尔特斯 (Hernando Cortez)
和迪亚斯·德尔·卡斯蒂略 (Diaz del Castillo)* 留下
的记载表明，阿兹特克君主蒙特祖玛有一座宏伟的游乐
花园，园中除了其他奇观，还有稀有水鸟栖息在十个水
塘中。不同的水鸟都能得到自己喜爱的食物。为食蠕虫

---

* 埃尔南·科尔特斯 (1485—1547)，西班牙探险家，征服阿兹特克使墨
西哥成为西班牙殖民地。迪亚斯·德尔·卡斯蒂略 (约 1495—1584)，西班
牙作家、军人，曾参加征服阿兹特克的战争，留下著述《征服新西班牙信
史》记载对墨西哥的征服。

的喂蠕虫，为食玉米的喂玉米，为食鱼的喂鱼。园中仅
为照料这些水鸟就雇了大约 300 人。动物们甚至有自己
的医生。科尔特斯指出，在一座格外美丽的大屋中喂养
着各式各样的猛禽。这座大屋的一层住着狮子、老虎、
狼、狐狸和各种猫。猛禽和哺乳类肉食动物都用家禽
喂养，据迪亚斯所述，动物的食物还包括被献祭者的人
肉。另一座屋子里住着人类中的侏儒、驼背，以及其他
形形色色的残疾人，每人有自己的房间。像动物一样，
这些人类展品也有人看护。[20]

******

　　在蒙特祖玛喂养的各种动物中也包括人类，这提醒
我们一个事实，即王公贵族可以将人视为奇巧之物和宠
物来对待和"珍视"。历史中充斥着这类事例，在下文
中我会提到。这里我关注有关公开展览的思想，比如在
马戏团和动物园。当人类同其他动物一起被展览，相当
于强烈暗示这些人更像猴子和熊，而不像"正常"人。
但是这种并列展览使观众以一种特殊的方式观看被捕
获的动物。动物同人相似，只不过在性欲方面更毫不
隐晦，其怪诞更一目了然，却反而因此打消了人们的疑
虑。正如早年间被关押在精神病院的病人娱乐他们的探
访者，动物的这些方面是吸引现代动物园参观者的重要

因素。

为何要展示动物和人类？正确和显而易见的答案是他们提供娱乐。古罗马的马戏表演场是个暴力血腥的所在，虽然那里确实展示野兽和从外国俘虏的人类，吸引人的与其说是这些进口生物的异国样貌，不如说是他们被迫的暴力和杀戮。相形之下，18世纪末发轫的现代马戏是非常温和的把戏。动物和人表演杂技娱乐观众，或者是在大帐篷外面的怪胎展览，他们要么什么也不做，要么听从顾客摆布。现代马戏历史中的一个主要人物是美国的马戏之王巴纳姆（P.T. Barnum）。他对于手下的动物和人类一视同仁，他的态度很说明问题。1843年，恰在秋季演出之前，巴纳姆的红毛大猩猩病倒了。他抱怨大猩猩引起的花费和麻烦，给经理写信说，"运气糟透了，我对她的吹嘘白忙活了——它为她制作了一张大幻灯片和一面三米宽、五米长的旗子"。巴纳姆曾对一只山羊期望很高，"但是它胆小失禁，所以我什么也没法要它做……"巴纳姆也对美洲印第安人寄予厚望，发广告说他们是残暴的野人，因为曾在遥远的西部杀白人才被带回此地，但是对于这位马戏之王来说，很不幸他的人类展品原来是"懒惰的魔鬼"，他们宁愿说有关博物馆的谎话，也不愿进行残忍的表演。[21]

博物馆（museum）这个词是广告用语。巴纳姆在

79

被称为博物馆的地方展示自己的商品。这个词使我们想起博学高尚的机构。在 18 世纪后期，开明的欧洲人和美国人对博物馆的设想是这样的：他们认为对自然的恰当展示具有很高的教育价值。然而到 19 世纪中叶，由于艺人精神成功地吸引了追求感官刺激的一大群看客（大部分属于较低阶层），除了寥寥可数的全国性机构，博物馆失去了严肃的目的，基本成为娱乐场所，正如一位美国教育家在 1852 年说，这里"保存一些鸟类和动物标本，展览怪物，并举办低俗的戏剧表演"。[22]

　　博物馆在 20 世纪重获了最初的崇高使命。现代自然历史博物馆中的展品并非供消遣的对象而已。虽然博物馆仍旧应该给人乐趣，但这是一种思考的乐趣。博物馆不再毫无想象力地展示鸟类标本，以及展示立在底座上或是放在玻璃柜中的泥塑印第安人。与以前不同，这里陈列精心设计的透视画，三维地展示动物和人类的栖息地。当参观者通过大厅时，他们可能在一个橱窗中看到南极洲的企鹅在冰原上晒太阳，在另一个橱窗见到一个因纽特家庭在北极荒野上搭建的雪屋外操持家务；在一面玻璃后面可能遇到狂奔穿过一片非洲灌木丛的鬣狗，而另外一面玻璃后面是班图牧人们在赶牛入圈。在自然历史博物馆，不论是动物还是人类的模型都不会仅仅为取乐而重现他们的姿态行为。参观者见到的是日常生活中的活动。然而动物和人的模型都在表演：由照明的透视画、玻璃橱窗和光线暗淡的大厅构成的背景使这一舞台表演显而易见，人们已经注意到这个事实。现代的自然历史博物馆展示人类和动物，就跟马戏团以及巴纳姆所谓的博物馆展示特定的动物和人是一样的。当然一个重要的区别是，现代博物馆的所有展品都是活物的模型，不是活物本身。

现代动物园展示活的动物。笼子的铁栏杆后面，引人注目的缺席者是人类这个物种。大卫·加奈特（David Garnett）有本小说名为《动物园里的人》（*A Man in the Zoo*, 1924），想象有个男人愿意加入动物园的猴子，作为人类物种的一员被展示。加奈特的想法或许并不像他本人相信的那样异想天开：正如上文指出，同其他动物一起展览人类是个古老且悠久的游戏。然而在18世纪末和19世纪初，现代动物园从科学家的开明观念中产生。这些人严肃关注对自然的科学理解并关注教育。展示人类的思想会强烈地触犯他们的敏感神经。确实，19世纪的社会仍旧等级森严，认为有些人高人一等，另一些人属于较下层阶级（classes），* 这个词不加区别地应用于贫穷的劳工和较高等的动物。然而

---

* class 这个英文字的意思包括阶级和种类。

对人类同胞表现出明显的粗鲁或屈尊俯就已经令人难以接受。不过对于被捕获的动物，社会在过去和现在的态度都要放任得多。[23]

　　虽然现代动物园的宗旨既直截了当，又值得嘉许，人们对动物园的体验很可能模糊复杂。动物园除了为游客提供欣赏大自然的多样性和辉煌的机会，也使他们感觉自己比笼中的野兽优越，并得以了解动物行为的各个方面，比如进食和交配——而观看人类自己进行这些活动时则颇感烦扰并隐隐觉得厌恶。

　　游览动物园的一件快事是喂动物食物（图15）。这是慷慨之举，从中获得的愉悦也十分纯粹，不过二者都以优越性和权力为基础。让另一种生物吃我们手中的食物——如果让动物先乞食，并且它体型较大，在另一种不太有利于我们的环境中足以凌驾我们，我们会特别的兴高采烈。游客们仅仅观看食肉动物进食就会感觉愉悦。我们在进食时要遵守礼仪。我们越是开化，或是自认为开化，就越是对狼吞虎咽感觉不快——尤其是肉类——肉支持我们的生命，在更为广泛的意义上肉是最精致文化的基础。在动物园我们能够面对这个事实，但不是发生在我们自己身上，而是在我们感觉高它们一等的动物身上。动物园的管理人知晓，当公众见到狮子吞食一大块血淋淋的肉时，会变得十分兴奋。公众对这一

图 15　人 们 正 在 伦 敦 动 物 园 喂 食 动 物。理 查 德 · 多 伊 尔
（Richard Doyle）所作漫画,《笨拙》(*Punch*), 1849 年 11 月 19 日

简单的生命延续活动是如此喜爱，以至于动物园的管理
人可能感觉有义务每天喂狮子一顿，虽然在野外它们至
多一周才能饱餐一次。

　　猴子的吸引力很大。见到围观犀牛的人不足十个，
而在一群猴子面前人群熙熙攘攘，一个著名马戏团的主
管十分愤愤不平。犀牛花了他1200美元，而猴子总共
才值45美元。[24]猴子并非稀有动物，为何它们有这么
好的人缘？无疑理由之一是它们像人。参观者可以公开
盯着它们，取笑它们。有些观众尤其对猴子动辄交配感
兴趣。窥淫癖是被禁止的，除非发生在类人动物身上。
然而猴子同人是如此相似，以至于有些喂养动物的花
园管理人希望原则上不养猴子。黑蒂格尔观察评论说：
"世界上规模最大的动物园之一有座喂养狒狒的宽大室
外笼舍，由于笼内的同住者举止'下流'，人们不得不
将笼舍拆除。"[25]

　　据黑蒂格尔说，直立姿势的动物对动物园游客格外
有吸引力。是否因为直立的姿势使动物似乎更像人？绝
大多数大型动物四肢着地。引人注目的例外是熊，这可
能部分解释了公众喜欢它的缘由。当狗坐起来打躬作
揖时对人最具吸引力。海马在世界范围内赢得赞许，甚
至是那些生活在内陆，从未见过它的人们。它是唯一直
立的鱼，妇女会佩戴海马样式的饰品。鹦鹉和猫头鹰是

直立的鸟类。由于竖直的姿态和学舌人类的能力，鹦鹉"近似人类"。在古希腊以及后来在欧洲的其他文化区，猫头鹰是智慧的象征，但显然部分由于它昼伏夜出的生活，它未能获得世界范围的青睐。[26]

最早的现代动物园在巴黎和伦敦，起初是科学机构，后来因为公众的兴趣对科学团体成员之外的人开放，并带动欧洲的几个城市在 1860 年之前建立了公共动物园：除了巴黎和伦敦，还有都柏林、布里斯托、柏林、法兰克福、安特卫普和鹿特丹。查尔斯·达尔文和弗朗西斯·高尔顿（Francis Galton）*等著名科学家常到伦敦动物园参观动物。艺术家们也研究自然，认为在周日到动物园去远足获益良多。然而动物园的广大游客是为了娱乐，而不是为了更深刻地欣赏自然。直到 20 世纪之后，游园的人群仍然吵闹粗鲁。饲养员不得不时刻防备。曾在莫斯科动物园工作的一位饲养员写道："从早到晚，令人厌烦、吵吵嚷嚷的人群在兽笼前川流不息。他们哪怕在野外见到一头野兽也会惊慌失措，如今他们看见动物们是如此无害于人、屈辱可悲，这令他们感到高兴。暴民们粗野地叫嚷并摇晃动物的锁链，为自己的懦弱而报复，当饲养员抗议时，他们的回答是

* 高尔顿（1822—1911），英国科学家和探险家，达尔文的表弟。

'我付钱了'，这使人无法反驳。"[27]

对笼中困兽的这种行为与在更早的年代，人们对
被关押的精神病患者的所作所为如出一辙。在近代早
期（1600—1750），欧洲人将疯子视为最低等的人，后
者虽然还有可被救赎的灵魂，却几乎沦落到纯粹兽性
的状态。精神错乱者的地位是如此之低，以至于当罪犯
和疯子关在一起的时候，人们会因此可怜罪犯。然而不
仅下等人，甚至社会的最优雅之士，都为求娱乐蜂拥
到伦敦专门收治精神病人的贝德莱姆皇家医院（以疯人
院而知名）。* 正如在 20 世纪初，人们可能残忍地逗弄
动物园里的笼中兽，在更早的时代，到贝德莱姆的访客
为了看到更疯狂的表演，有意激怒这些被锁链拴在号
子里的病人，或是用杜松子酒灌醉他们。直到 1770 年
医院最终对公众关闭前，贝德莱姆皇家医院每年接待
的访客达到 9.6 万人。收取的门票费用于支撑这个机构
运作。[28]

在殖民地时期的美国，疯子的遭遇类似于在欧洲。
第一座综合医院——宾夕法尼亚医院——1756 年开门
接诊。精神病人被禁闭在地下室里，往往被拴在号子地
板或墙上的固定铁环上。看护手持鞭子，随意抽打。精

---

* 又称伯利恒皇家医院，古老的精神病医院，名称源于 "Bedlam"，泛指
疯人院。

神错乱病人被视为危险但也逗趣的野生动物。当地人在招待外地访客时带他们去观看和逗弄这些病人。当时的人们残忍地想象精神失常者像野兽一样不知冷暖，因此可以被赤身关在号子里。开明的医生本杰明·拉什（Benjamin Rush）*反对这种虐待狂式的做法，但是他本人也沾染了疯子像动物的观念。例如他相信通过完全不提供食物，可以"驯服"精神病人，为了支持他的见解，他还引用事实说，印度人制服野象的办法是不喂食，直到它们变得骨瘦如柴。他也建议将制服野马的方法用在暴力的病人身上。[29]

******

我们已经提到，尽管修道院希望成为地上的极乐园，但是除了对人类有用的牲畜，那里没有动物的一席之地。在另一方面，从安德鲁克里斯（Androcles）**到圣方济各这些西方世界圣人都以能迷住野兽而名扬于世。在伊甸园的理想化图画中，所有生物（包括野生动物在内）都在人的仁慈统治下和睦共存。正如人们一贯知晓，除非动物无害、驯顺或是受到严格控制，这些图

---

* 拉什（1745—1813）也是政治家和教育家，《独立宣言》签署人之一。
** 安德鲁克里斯相传是罗马帝国皇帝提比略和卡利古拉时期的非洲奴隶，因仁慈地照顾狮子而得到狮子的帮助，他和狮子成为英国剧作家萧伯纳的素材。

画无法成为现实。野兽会抵抗人类的控制，而且狮子不愿同羊羔共眠，在早期基督教时代和整个中世纪，这些事实引起欧洲人强烈的摇摆不定。例如有时东正教争论说，动物是撒旦的工具，而且无法挽回它的堕落。重要的是，在但丁对伊甸园的描述中没有出现动物，而且当但丁置身阴郁的森林，他本人受到一只黑豹、一头猛狮和一匹母狼的攻击时，《神曲》就此拉开帷幕。在安德瑞尼（G. B. Andreini）所著《亚当：神的压制》（*L'Adamo, sacra representatione*，1617）一书中有几幅插图，将伊甸园描绘成规则式的花园，里面显然没有野兽的存身之地。当野兽出现时，它们在园子的入口处由亚当起名。约翰·帕金森的著作《地上的极乐园》（*Paradise in sole*，1629）有一副伊甸园的卷首插图。然而园中没有画动物。代替它们的是一种奇异的生物——被称为金毛狗脊的蕨类植物（Scythian lamb），是半植物半动物；直到 17 世纪人们还认为它存在于亚洲的旷野。[30]

　　人们会毫不犹豫地允许一种动物进入极乐园，那就是鸟儿。中世纪思想认为鸟像人，因为它们有两条腿；它们飞翔，所以类似天使。对这些特征的解释是鸟儿没有参与最初对天主的反叛。对不论天上还是地下的伊甸园，它们都是适宜的居民。奥伯海尼施尔·迈斯特

（Oberrheinischer Meister）的画作《小天堂园》（*Little Paradise Garden*，约 1410 年）描绘了处女坐着阅读，孩子在同母亲玩耍的情景。园中还有两棵树和很多花朵盛开的草木，但是除了鸣唱的鸟儿没有其他动物。在纪尧姆·萨鲁斯特·迪巴尔塔斯（Guillaume Salluste du Bartas）的伊甸园里有一千种鸟。弥尔顿的极乐园里随处可见鸟儿的合唱。[31] 约翰·依夫林希望在他的植物园内修建一座鸟舍，面积足以容纳 500 只小鸟，包括红雀、北美啄木鸟、金丝雀、百灵、鸫、黑鹂和知更鸟。自古以来，声音就是园林艺术的组成部分。不论极乐园还是伊甸园，这类完美的环境应该不仅提供视觉愉悦，也提供听觉享受，包括潺潺流水和婉转鸟鸣组成的和谐之音。到文艺复兴时期，鸟儿变得同花园如此密不可分，比如《乡野住宅》（*La Maison rustique*，1572）这类有关园艺的最早期著作批评讨论了各种鸟类具有的音乐优点。然而如果鸟儿的功用是为娱乐人类而举办音乐会，便不能任由它们自由飞翔。按照古老的习俗，笼中的鸟儿被放置在园子的偏僻地方，鸟笼用枝叶覆盖，因此访客可以听到鸟鸣，想象自己漫步在大自然的丛林里。[32]

　　有时人们将植物园称为"一个房间里的全世界"，它在 16 世纪末和 17 世纪初出现在欧洲的启蒙中心。植物园自豪地夸耀说它拥有来自"世界最遥远地方"的物种。对植物园的典型设计是将它分成四部分，既表现来自波斯人的极乐园有四部分的概念，也体现了四大洲的思想。[33] 但是修建者意识到植物园存在一个问题，即它们只有植物。动物在哪里呢？如果没有动物，这种花园既不能宣称代表创世时期的伊甸园，也不能表明人对整个有机自然界的支配。建筑师兼设计师确实力图囊括动物，但是必须把它们分开喂养。有些植物园开始陈列死去动物的标本。这些举动心照不宣地承认了一种渴望的失败——它根植于亚当支配野兽的神话——虽然欧洲人直到 17 世纪还无法全盘放弃它。

认为残暴的动物在人走近时会驯顺地跪倒，因此它们是完美世界中适宜的伙伴，这是梦想，可能是人类最自命不凡的渴望之一。它并不局限于西方文化，有证据表明它也出现在其他发达文化中。不论在何处，人若是设想一个完美的世界，这一梦想的要素就一再出现。将梦想转变为现实的努力却遇到问题，比如如何将动物搬进园子，成为似乎是园子自然有机的组成部分。我们已经提到一些努力，在此简短总结，以强调在伊甸园如同在实际生活中，人类需要同动物相伴，而且依据支配和控制的原则同它们相伴。

野生动物和异国动物都被视为中华帝国宏大猎苑中

86

的要素。那里有足够的空间和充足的饲养人员，动物可以被关在有围栏的兽舍里，或是给它们些许自由。于是皇帝在园林中感觉不仅与自然和谐，还支配整个自然。但即使对于皇帝，宏大的猎苑也是例外。尤其是在城墙之内，大多数园林都不太宽敞。如何引入动物，将它们喂养在这些理想化的小型世界里？对此有几种解决方式，因此即使在最小的花园中，动物也可以象征性地存在，比如鸟在笼中，鱼在有石头的小池子里。石头或是青铜制造的动物也取代了活物。尤其常见的是"狮子"把守着园门和厅堂的入口。这些动物看起来既凶狠又驯顺。它们弓背露齿，但是在另一方面，打旋的发卷梳理整齐，面容似犬。[34] 在皇家园林，鹿以及像龙和龟这类爬行动物的塑像通常陈列在殿前。树木扭曲的枝干和久经风霜的石灰岩也令人感到动物的存在（图3、图13）。植物和岩石的造型以及布局不仅暗示野兽，甚至还有妖怪。令人奇怪的是，中国园林理应表现一个和谐美丽的理想世界，却往往安置凶恶争斗的形象。在宋徽宗位于开封城外的精美园子里，造型稀奇古怪的巨石从山脊后面探身而出。一位僧人评论说，这些巨石"若礤若齿，牙角口鼻，首尾爪距"，看来"皆激怒抵触"，巨石附近展示一些扭曲的松树，"枝干柔密，揉之不断，叶为幢盖、鸾鹤、蛟龙之状。"只有作为由植物和岩石构成的艺术品，动物和对动物的热爱才能见容于园林。[35]

欧洲的花园通过各种方式令人感觉到动物的存在。人们可能用紫杉和黄杨树篱雕刻出整个动物园。当水从海豚嘴里和龙虾的钳爪中喷射而出，能够见到动物的形象，在洞穴附近能见到动物模型（或许还有机械鸟），在同植物园相邻的陈列室中能见到动物标本，还有石雕的野兽，比如维奇诺·奥西尼公爵 16 世纪的府邸中荒诞不经的展示。在一个花园里可能挤满如此之多的动物雕塑，以至于似乎成了动物园模型。英王亨利八世的花园足以说明问题。亨利八世格外喜欢他的"野兽"，雕刻的动物形象被油漆镀金，固定在立柱的顶端，置于园中各处。仅在一个小园子里就有"11 头雄鹿、13 头雄狮、16 条灵猩、10 只雌鹿、17 条龙、9 头公牛、13 头羚羊、15 只狮身鹰首兽、11 只名为亚利的有角神兽、9 只公羊，以及山顶上的狮子"。[36]

伊甸园的理想要求植物和动物并存，但很不幸二者无法混在一起。通常的解决办法是将动物隔离开来，或是使用模型。在 18 世纪下半叶，兰斯洛特·布朗引进了一种激进的新办法，他的花园放弃了花圃、经过修剪的树篱和规则的林荫道，却接受宽阔起伏的草皮。牛和鹿在直抵屋前的草皮上吃草，如画一般。有史以来第一

87

次，人们将动物（虽然是非常温顺的动物）引入花园舞
台的中央。

1　*The Letters of Evelyn Underhill*, Charles Williams, ed.（London：Longmans, Green, 1943）, 301–02.

2　Walker D. Wyman, *Mythical Creatures of the North Country*（River Falls, Wis.：State University Press, 1969）.

3　Edward H. Schafer, *The Vermilion Bird：T'ang Images of the South*（Berkeley and Los Angeles：University of California Press, 1967）, 206–07.

4　Martin P. Nilsson, *Greek Popular Religion*（New York：Columbia University Press, 1940）, 10–14.

5　Gustave Loisel, *Histoire des menageries：de L'antiquité a nos jours*（Paris：Henri Laurens, 1912）, 1：18–19; M. Oldfield Howey, *The Cat in the Mysteries of Religion and Magic*（London：Rider, 1931）, 145.

6　Zofia Ameisenowa, "Animal-headed Gods, Evangelists, Saints and righteous Men," *Journal of the Warburg and Courtauld Institutes* 12（1949）：21–45.

7　Francis Klingender, *Animals in Art and Thought to the End of the Middle Ages*, ed. Evelyn Antal and John Harthan（Cambridge：MIT Press, 1971）, 302–03; Wera von blankenburg, *Heilige und damonische Tiere：die Symbolsprache der Deutsch Omamentik im frühen Mittelalter*（Leipzig：Koehler & Amerlang, 1943）.

8　Charles Diehl, *Manuel d'art Byzantine*（Paris：Librairie Auguste Picard, 1925）, 1：368.

9　*The Travels of Marco Polo*, trans. R. E. Latham（Harmondsworth, Middlesex：Penguin Books, 1958）, 111–12.

10　George Jennison, *Animals for Show and Pleasure in Ancient Rome*（Manchester：Manchester University Press, 1937）, 30–35.

11　*Pliny Natural History*, bk.8, trans. H. Rackham（London：Heinemann, 1940）, 3：5, 127.

12　*Seneca's Letters to Lucilius*（no.85）, trans. E. Phillips Barker（Oxford at the Clarendon Press, 1932）, 2：41–42.

13 Jennison, *Animals for Show*, 65, 71-72, 90.

14 Loisel, *Histoire des menageries*, 84-89; Jennison, *Animals for Show*, 123-24.

15 Heini Hediger, *Man and Animal in the Zoo* (London: Routledge and Kegan Paul, 1970), 11.

16 James Fischer, *Zoos of the World* (London: Aldus Books, 1966), 23-43.

17 E.R. Hughes, *Two Chinese Poets: Vignettes of Han Life and Thought* (Princeton: Princeton University Press, 1960), 27.

18 Edward A. Armstrong, *Saint Francis: Nature Mystic* (Berkeley and Los Angeles: University of California Press, 1976), 7; Loisel, *Histoire des menageries*, 163.

19 Klingender, *Animals in Art*, 447-49.

20 "Cortes's Account of the City of Mexico; from his Second Letter to the Emperor Charles V," *Old South Leaflets* (Boston: Directors of the Old South Work, n.d.), vol.2, no.35, pp.9-10.

21 Neil Harris, *Humbug: The Art of P. T. Barnum* (Chicago: University of Chicago Press, 1973), 52-53.

22 Richard D. Altick, *The shows of London* (Cambridge: Harvard University Press, 1978), 22-23; Harris, *Art of Barnum*, 33.

23 Altick, *Shows of London*, 317-19; James Turner, *Reckoning with the Beasts: Animals, Pain the Humanity in the Victorian Mind* (Baltimore: Johns Hopkins University Press, 1980), 54, 63.

24 William Mann, *Wild Animals in and out of the Zoo* (New York: Smithsonian Scientific Series, 1930), 45.

25 Hediger, *Man and Animal*, 116.

26 同上书，第 121—123 页。

27 Vera Hegi, *Les Captifs du zoo* (Lausanne: Spes, 1942), 8, 13; 引自 Henri F. Ellenberger, "The Mental Hospital and the Zoological Garden," in *Animals and Man in Historical Perspective*, ed. Joseph and Barrie Klaits (New York: Harper and Row, 1974), 69。

28 Robert R. Reed, Jr., *Bedlam on the Jacobean Stage* (Cambridge: Harvard University Press, 1952), 25.

29 Albert Deutsch, *The Mentally Ill in America*, 2r ed. (New York: Columbia University press, 1949), 64-65.

30 John Prest, *The Garden of Eden: The Botanic Garden and the Re-Creation of Paradise* (New Haven and London: Yale University Press, 1981), 25-26,

51，54，pl.39.

31 同上书，第84页。

32 Adams, *The French Garden*, 18.

33 Prest, *Garden of Eden*, 44–45.

34 Keswick, *Chinese Garden*, 148.

35 释祖秀:《华阳宫纪事》(*Record of Hua Yang Palace*), Grace Wan 译，引自 Keswick, *Chinese Garden*, 54。

36 Fairbrother, *Men and Gardens*, 92.

第六章

动物宠物：残忍和感情

众所周知，在富足的西方国家，人们对他们宠爱的 88
动物倍加关爱。美国超过半数的家庭喂养一条狗或一
只猫，或是二者兼有，每年大约花费 60 亿美元在宠物
身上。[1] 此外，证明宠物主人如何尽心尽力地喂养动物
的报道、故事和轶事数不胜数。在另一方面，宠物的存
在是为了人类的愉悦和便利。主人们虽然喜欢自己的宠
物，但当它们带来麻烦时，也会毫不犹豫地抛弃它们。
例如在美国，发人深省的统计数字指出，每年在估算的
所有犬类动物中，有将近 15% 在狗舍或动物收养处被
杀掉。另一个说明问题的事实是，大多数美国人喂养宠
物狗只有两年或更短时间。换言之，这些美国人只保留
逗趣可爱，而且无性欲的小狗。当狗长大，开始在屋里
碍手碍脚，尤其是当它们开始有性欲冲动时，主人除掉
它们的欲望便会日渐加强。[2]

　　部分的解决办法是阉割。不论主人如何喜爱他们的
宠物，对于为它们做手术只有少许或全无愧疚，因为
这是将狗留在家中，成为服从管理而且"洁净"的玩
物的唯一办法。明尼苏达双城地区接受调查的样本人口
说，应该切除雌性宠物的卵巢，因为它们的血"难以处

理""看来令人厌烦""肮脏"，会搞脏地毯和家具。他们说阉割后的雄性宠物的优点是更温顺，味道不太难闻。对于中产阶级背景的人们来说，阉割提供了一些实际的便利，此外也使他们忘记所有动物都持续具有的性欲。阉割的残忍之处从使用的工具可见一斑。为"你的动物提供一切健康喂养之需要"的一家现代公司列出各式工具，并附上示意图，只有最冷酷无情的读者，才不会对此感到震惊。如何选择工具呢？是使用相对简单的阉割刀（"一把双刃的手术刀外加有折叠护柄的锄"），还是 Double Crush Whites 牌子的阉割器？一把只有九英寸长的小型无血阉割器，或是不锈钢的无血阉割器？农夫们必须面对这些工具；而城市中的宠物主人远为文雅，他们可以不必面对这类器物。[3]

　　人类天性中深深埋藏着对动物的残忍。尽管我们同宠物的关系在表面上表现为爱和献身，但若是不承认这个残酷的现实，便算不上正确的感受。对另一种生物的痛苦和需要漠不关心，这种残忍是生存必需的产物。与一些灵长目动物不同，人是杂食性动物，动物的肉是人类饮食的重要成分。有 50 万年之久，猿人和人不仅吃死去的动物，他们还是活跃而且技艺日渐精进的猎人。为了成为熟练的猎人，人必须在某种程度上享受追击猎物并杀死它的任务。对生计至关重要的工作也是一种游戏。发明各种杀戮方式成为一种挑战，它可能既激动人心又有趣。猎人的身体和头脑，加上热衷活动和不在乎吃苦的性情，这些是我们的遗产中必然而然的部分。

　　可以屡次发现猎人兼采集者对动物的痛苦漠不关心。卡拉哈里沙漠（Kalahari Desert）的布须曼人（Bushmen）*因对彼此和外来者彬彬有礼而著称。但是由于显而易见的原因，这种文雅举止不能运用到他们必须杀死并食用的动物身上。即使当饥饿并非迫切的问题时，对动物苦难的麻木不仁仍旧显而易见。伊丽莎白·托马斯（Elizabeth Thomas）在她所著《无害之民》（_The Harmless People_）中描述了一件事，此事十分常见，所以揭示了一个狩猎民族对于动物生命缺少反身性（unreflexive）**的态度。书中有个名叫盖的男子要将小儿子恩瓦奎的乌龟烤来吃掉。盖将一根燃烧的棍子放在龟的肚子上。龟踢腿并猛伸头，撒出很多尿。热气使龟肚子壳上的两层硬甲分开，盖将手指戳进去。此时龟奋力挣扎，盖伸手一刀开膛破肚，拉出内脏。"现在龟半缩进壳里，试图躲在那里，透过两条前腿向外窥探。盖掏出仍旧跳动的心脏抛在地上，心脏仍在地上剧

90

---

*　布须曼人是生活在南部和东部非洲的原住民族，大多仍处于原始社会，以狩猎和采集为生，没有文字。

**　reflexivity 是社会学概念，译为反身性或自反性，指自我参照行为。

烈抽搐。"此时幼小的恩瓦奎过来坐在父亲身边，"龟真是一种又慢又强壮的动物，心都没了身子还能活动。恩瓦奎将手腕放在额前，以一种最可爱的方式模仿乌龟如何设法躲藏。恩瓦奎看起来很像那只乌龟"。[4]

布须曼人的神明同样对动物生命漠不关心。有个关于皮希博罗（Pishiboro，神的名字之一）和他大象妻子的传说。皮希博罗的弟弟假装为哥哥的大象妻子捉虱子，趁机把她杀死。"弟弟生起火，将大象妻子的乳房割下烧烤。烤好后坐在大象妻子的身上大吃。"当皮希博罗突然看见弟弟，心中琢磨："啊，是不是弟弟杀了我的妻子，正坐在她身上？"他跑过去，发现最担心的事情果然发生了。皮希博罗勃然大怒，但是弟弟递给他一些烤好的乳房，皮希博罗即刻吃了。弟弟俯视着皮希博罗，满心嘲讽地说："哦，你这个傻子，你这个懒汉。你娶了一座肉山，还拿它当妻子。"皮希博罗发现确实如此，于是他把刀磨快，帮弟弟剥象皮。[5]

人们普遍崇拜因纽特人的勇气及其高超的狩猎技巧，然而并非他们所有的狩猎手段都要求他们接触猎物且骁勇强健。有几种手段不仅机敏而且残忍。其中一种操作如下，将一片磨利的弹性鲸鱼骨捆绑成 U 字形，用肥肉包裹，放在户外冻起来。然后将捆绑鲸骨的皮条割开，将冻上的诱饵扔到四处。饥饿的狐狸和狼会吞下诱

饵，肥肉在它们的肚子里融化后，鲸鱼骨便弹开，刺穿
动物的内脏，使之死去。[6]因纽特人的传统经济要求他
们完全依靠周围的动物作为食物和原料，植物发挥的作
用不大。其结果似乎使人产生了一种罪恶感和恐惧感，
在言谈和传说中可以发现这一点。根据传说，当因纽特
人死于暴力——由于事故、自杀和谋杀——他们会直接
去往快乐的猎场。但是如果被野兽杀死，可能必须要在
海精灵的冥宫中苦修一年赎罪。这样的死亡似乎理所当
然，不能立刻要求补偿。[7]伊格卢利克的因纽特人在以
下言谈中雄辩地表述了更直接的罪恶感和恐惧感："生
活的最大危险在于一个事实，即人类的食物完全由灵魂
构成。所有那些我们必须杀掉并吃掉的生物，所有那
些我们击中毁灭以便制成衣服的动物，它们都像我们一
样有灵魂，灵魂不会同身体一起腐烂，因此必须抚慰灵
魂，否则它们会报复，因为我们夺走了它们的身体。"[8]

猎人们可能尊敬他们打到的猎物，却并不爱它们。
与此相反，牧人整日照料牲畜，以关爱牲畜为人所知。
以苏丹的努尔人（the Nuer）为例。虽然努尔人种植小
米和玉米，但他们主要是牧人，依赖养牛维持生计。对
于努尔人，牛不仅是可供使用的资源而已，远远不止如
此。他们爱自己的牛，而且这种爱似乎并不居高临下。
牛和人处于半平等状态。人们的名字表明了这种关系。

91

男人的名字可能暗示他心爱公牛的形状和颜色；女人的名字来自公牛或是她们挤奶的母牛的名字。在以下段落中，埃文斯-普里查德（Evans-Pritchard）感人地传达了努尔人对牛的个人关爱和自豪。

当（一个少年的）公牛傍晚归家，他爱抚它，用灰摩擦牛背，从牛肚子和阴囊上捉去扁虱，除去肛门上黏粘的粪便。他把牛拴在窗前，以便醒来就可以看见牛，因为没有任何景象像他的公牛那样使努尔人满足和自豪。他越是显摆牛，就越快乐，为了使牛更吸引人，他用长流苏装饰牛角，这样当牛摇头晃脑摆动着流苏回到营地时，他可以欣赏。他还在牛脖子上挂个铃铛，于是草原上响着叮铃声。[9]

然而牛是努尔人的食物和资源。牛提供牛奶、肉和血。牛皮是主要原料，供努尔人制作他们拥有的稀缺物品。获取牛奶和牛血并不造成道德上的两难。牛血不是主要食物，而且努尔人认为不时为牛放血对母牛和公牛有利无害。但是为了肉杀掉他们热爱的牛确实造成问题。他们假装吃的牛肉都来自已经为仪式和献祭而屠宰的牛，借此回避问题。不过为举办仪式或是献祭礼寻找借口并不困难，在仪式之后，人们随心所欲地争抢死

去的动物。而且任何自然死亡的牛都会被吃掉。甚至当
一个少年心爱的公牛死掉，也必须劝说他"分享公牛的
肉，据说如果他拒绝，今后他的长矛可能会报复这种冒
犯，砍掉他的手或脚"。努尔人承认不得不杀掉自己的
所爱是两难选择。"努尔人非常喜欢吃肉，宣称在母牛
死去时，'眼睛和心悲哀，但是牙齿和肚子高兴''男人
的肚子向神祈求这些礼物，并不经过大脑'。"[10]

　　牧人的存在并不是为了自己的牲畜，牲畜的存在则
是为了牧人。不过牧牛人必须照料他看管的牛群，于是
模糊了这种剥削关系，这种照料在特殊情形下会发展成
真正的感情。"天主是我的牧羊人。"当将耶稣或主教
称为牧羊人时，似乎绝大多数人都没有想到其中包含的
深刻讽刺。形容正义统治者的牧场比喻源于柏拉图以及
《旧约》和《新约》，直到今日人们还在非常无辜地使
用。在乔治·桑塔亚那的《支配和权力》（1951）一书
中，他观察评论说：

　　起初牧羊人必定是羊的主人，如果如此，他对羊群
的照料自然而然会受到所有权利益的驱动，并严格局限
于这种利益。他完全不爱羊。只爱羊毛和羊肉……羊不
会被狼吃掉，但是往往被阉割，在湿漉漉的牧场上非常
无助。它们的命运可同土耳其苏丹后宫中的阉奴或贵妇

相比，或是同暴君的哈巴狗或其他宠物类似。如果某位寓言作家敢于让羊来形容它们的看管人，羊当然不会称他为守护天使，而是监工、狱卒、剪羊毛工和屠夫。[11]

　　猎杀大型动物和放牧牲畜主要是男人的职业。我们可能会奇怪，在前文字社会里女人同动物的关系如何呢？在狩猎对于生计至关重要的时代，男人在远离营地的地方追捕射杀大动物，提供肉类，女人们在营地附近捡拾或诱捕小动物。女人也狩猎和杀戮，但是她们的猎物是小的鼠类蛇蜥、蚂蚱毛虫之类，确实不引人注目。对于女人，杀戮既不光彩照人，也不令人愉悦。当男猎手将野物带回家，女人分担开膛破肚、分解切割的任务，当然她们也烧煮或是协助烧煮。女人的手同男人一样沾满鲜血，但是对于她们，这些活动是必要之举，并非游戏，也无任何神秘之处。

　　虽然女人会杀掉并切割动物，她们可能也会对其中一些产生感情。在东南亚和太平洋的群岛上，原住民以狩猎和捕鱼为生，兼顾一些农业，女人们喂养狗崽猪仔，这是她们的玩物或宠物。麦克雷（J. Macrae）在1825 年写道：

　　　我注意到一个年轻女人走在街上，她用一块塔帕布包裹着几只小狗崽，将布包挎肩而过，挂在胸前，一边走一边喂小狗吃奶。给狗崽猪仔喂奶是一种在三明治（夏威夷）群岛很常见的习俗。原住民认为这些小动物非常金贵，不亚于他们自己的孩子，我为寻找植物去丛林旅行，这往往使我有机会见证这种习俗。[12]

欧洲探险者和学者们在其他岛上也观察到类似情形。近至1950年，一位摄影师还能够拍到一张引人注目的快照，照片上是位巴布亚新几内亚母亲，她用一只乳房喂一个大约两三岁的孩子，另一只喂小猪崽（图16）。[13] 但是被温馨喂养的动物是为了消费，尤其狗肉被太平洋岛民们视为美味佳肴。一位访客在1868年写道："夏威夷人一贯是酷爱狗肉的美食家。他们为宴席饲养一种容易长肉的小狗，只喂它们蔬菜，尤其是一种叫kalo的菜，因此肉更嫩，味道更精妙。"由女人哺乳的狗崽"被称为'ilio poli'，最为金贵"。这里指出对狗精心喂养是为了狗肉的质量。它们可能是宠物，但是当需要食物时便被毫无愧疚地吃掉。另一方面，也有报道说人乳喂养的宠物受到尊重，它们唤起的感情是如此深，以至于不可能杀掉吃肉。人们可能挑选狗崽猪崽作为孩子的伴侣和保护者。如果孩子夭折，狗会被杀掉和小主人一起埋葬，成为他/她在彼世的玩伴。[14]

图 16　一位巴布亚新几内亚母亲为她的孩子和一只猪崽哺乳。
道格拉斯·巴格林（Douglas Baglin）摄影。引自阿尔弗雷德·A.
沃格尔《巴布亚人与俾格米人》（Alfred A. Vogel, *Papuans and
Pygmies*），London：Arthur Barker, 1953，第 24 页

古老的英文单词 *game* 有不同的含义，既指游戏，也指猎到的动物。即使是必要的杀戮也是一种体育运动。人类学家沃什伯恩（S. L. Washburn）谈论了我们的"食肉心理"，这在数百万年前的中更新世时期已经充分发展。他指出，"教人杀戮很容易，而发展避免杀戮的习惯却很难……男童轻而易举就会对打猎、捕鱼、打斗和战争游戏发生兴趣，据此可以衡量杀戮的生物学基础被融入人类心理的程度。这类行为并非不可避免，而是它们被轻易学会，令人满足，而且在大部分文化中，社会都奖励这些活动"。[15] 在所谓的开化民族，狩猎是君王贵族的传统运动，它具有魅力，是一种武艺，是组织最完备且最壮观的体育运动。在理论上，被猎杀的动物应该在速度、计谋和凶狠程度方面能够与猎人匹敌。它必定有机会逃脱或是反击，否则杀戮不过是屠夫的工作，而不是运动者的作为。当然狩猎和捕鱼的乐趣完全是人类的观点。显而易见对于被猎杀的动物，追捕并非游戏，而是生死攸关，它们逃脱的机会多半只是无情的幻想。

狩猎是血腥的运动。尽管红外套和在清晨阳光中闪耀的黄铜号角使之具有现代美感，但是在泥泞、血汗和死亡的呼号中它仍保留着暴力的韵味。似乎远为文雅的是发达文化的另一种典范活动，即通过繁育将动物变成玩物和美学对象。这种活动的前提是物质丰富，因此不再需要将动物视为潜在的食物，或是为促进丰收而举办的祭礼仪式上的牺牲。这一活动体现出闲暇和技术，也表达出那些因此能够操纵动物再生产过程的人们的愿望，即将动物变成一种具有主人喜爱的形态和习惯的生物。

为了说明问题，考虑一下两种记载详尽的动物——金鱼和狗。金鱼配种纯粹是为了制造宠物，而狗的配种则出于各种原因。自从19世纪以来，金鱼就成为世界上最喜闻乐见的宠物之一，在它们最早的故乡——中国和日本——也最受青睐。没有金鱼，中国家庭就不完整，鱼可能养在泥泞的塘里，或是相反，养在牙雕镀金的鱼缸里。日本所有的大市场都有金鱼摊位，那里围着各种年龄的鉴赏家，他们对不同品种金鱼的优劣交流专业性看法。在西方，几乎每个宠物店都出售金鱼。装在小玻璃缸里的金鱼一度是游乐场很流行的奖品。如今在美国县份和农业集市上，装在塑料袋里的金鱼可能被当作礼品。在伦敦，进出住户后门的小贩曾经用金鱼交换旧衣服。自从20世纪30年代，这些做法已不再时兴，不过人们仍旧喜欢用金鱼做室内装饰。在一个东方风格的房间里放置一个鱼缸，水中游动着被称为黑莫尔的金鱼，这被视为优雅的点缀。在现代装潢的房间里，可以用镀铬的鱼缸养着名为彗星（comet）的美国金鱼，这是 19 世纪 80 年代培育的品种。在 20 世纪 30 年代，社交界女主人们流行用一个金鱼缸替代餐厅桌上的一瓶花。[16]

野生金鱼（Carassius auratus，鲫鱼）是中国土生的淡水鱼，颜色灰绿，观赏价值不高，不过可以在市场上出售食用。红鳞的鲫鱼是变种，中国人或许早在公元 4 世纪就注意到这种引人注目的颜色。即使处于自然状态，金鱼也有各式各样的变异，当中国人为了满足他们对美感甚至是对丑的追求时，他们利用这一点来培育变异品种。我们知晓对金鱼的驯化开始于宋朝（960—1279）初年，到 1200 年，有确凿的证据表明存在一种珍贵的品种，雪白的鱼身上有黑色斑点和美丽的斑纹，发出清漆一样的光彩。到 17 世纪，中国人已经在繁殖大量不同颜色的金鱼。在一本写于 1635 年的著作中，两位作者详尽指出了下述颜色和混合色的金鱼：金（深赤）、银（莹白）、白色带墨黑斑点（雪质墨章）、红色带黄点（赤质黄章）、白色但额上有朱红色（鹤珠）、朱红色但脊柱是白色（银鞍）、朱红色但脊柱有七个白点（七星）、白色脊柱有八条红线（八卦），以及其他有条纹的变种。*

---

* 应出自《帝京景物略》，明代刘侗、于奕正合撰。

自 16 世纪以降，鱼身鱼鳍的形状以及诸如眼睛的形状、尺寸和位置这类解剖学细节发生了重要变化。在16 世纪，开始出现分叉的鱼尾，分成三叉、五叉，甚至七叉。在同一时期，身体紧凑、发育不良的袖珍鱼出现了，名叫蛋种金鱼，也出现了眼大突出的龙睛金鱼（图 17）。理想的龙睛金鱼应该双眼丰满，同样大小，同样外凸。但是有时却只有一只眼如人所愿地肿胀外凸，或是双眼肿胀却大小不一。龙睛金鱼似乎不能适应膨胀的眼球。长大后当游动碰撞硬物时可能会伤害眼睛，因此失明。[17] 此外，在鱼塘中肿胀凸出的眼球可能会被另一条鱼吸食。就此而言米诺鱼是臭名昭著的侵犯者。金鱼品种中有一种较为怪异的后来的新品种，19 世纪时由日本人培育，一般以狮头金鱼之名为人所知，也被称作冠金鱼，在美国名叫水牛头，在德国叫番茄头（图 18）。这个品种的与众不同之处是长着疣状赘生物，先出现在头顶，然后逐渐向下蔓延，覆盖鱼鳃和腮盖，只有嘴下部一小处比较干净。赘疣触感柔软，通常为红色、粉色或白色。最佳样本的每个疣尺寸相同，这种鱼被恰如其分地形容为有个未成熟的覆盆子一样的头。

金鱼是宠物，必须有人喂养。早在 10 世纪僧人赞宁就写道："金鱼食橄榄渣、肥皂水即死。得白杨皮不生虱。"[18] 这几句话证明了精细的观察和实验。可能僧

图 17 龙睛金鱼不能适应奇异凸出的眼睛，当游动碰撞硬物时双眼可能受伤害。引自玛吉·凯瑟克《中国园林》第 40 页，韦恩·豪厄尔重绘

图 18 狮头金鱼长着柔软的赘疣，头像个没熟的覆盆子或番茄。引自 G.F. 赫维、杰克·赫姆斯《金鱼》(G. F. Hervey and Jack Hems, *The Goldfish*)，London：Faber and Faber，1968， 第 65 页，韦恩·豪厄尔重绘

人身居宏大的佛寺庙观，庙中有很好的鱼池，他们在培育繁衍珍贵金鱼方面发挥重要作用。我们知道皇帝们喜欢拿金鱼当宠物。比亚尔东·德·索维尼（Billardon de Sauvigny）在 1780 年初次发表了一篇有关金鱼的文章，他观察评论说皇帝们重视金鱼，认为亲手喂鱼是一种日常娱乐，不过"金鱼是在女人们的住所里获得如此的荣耀和赞美，被抚弄和珍爱，于是它们受到欢迎并遍布全国各地"。[19]

中国的各阶层民众在多个世纪的时间里都能够享受宠物金鱼。然而，有闲阶级也会将金鱼视为艺术品。金鱼游在放置在凳上的鱼缸里，生活在自己的世界中，它的世界并不侵犯普通人的生活空间。就此而言，金鱼不同于诸如狗之类不易限制的宠物，更类似于盆栽植物或是没有生命的艺术品。再加上通过人类的技巧干预可以很快产生新变种，所以金鱼也类似于艺术品。偶尔发生的是，某个金鱼行家变得没有耐心，完全规避选择性交配繁殖的过程，力图用靠不住的手段直接将变化强加于鱼，比如用酸在鱼身体上刻蚀中国字，或是画花和其他图案。[20] 当然，把如此装饰的鱼作为自然产物是造假。但需要指出的是，不能将批评针对人工制品本身，因为使鱼交配以便产生所需品种的过程至少是同等程度的操纵。例如以下是对金鱼人工产卵的半技术性陈述。

将一条成年的雄鱼和一条雌鱼放在一个中型鱼缸里，时间为 12 到 24 小时，鱼缸里也放一些水生植物。一旦当雌鱼产下几个卵子，便将雄鱼移走，用手捏住雌鱼任其扭动，无需捏紧。扭动的结果是排出很多卵子，同正常排卵时一样多。一旦排卵完毕，将雌鱼放在一边并轻轻搅动水，使卵子分布在植物上，此时再捏住雄鱼。通过轻捏它的肛门部位，它会射出精子，由同一水波带走使卵子受精。用这种方法几乎能保证所有卵子受精。[21]

记住以上以如此乏味的方式陈述的程序，其目的只是产生有吸引力的装饰性金鱼。这是一种对想象的运用，是使自然服从人类情绪而非人类需要的另一种努力。当然对不同种类金鱼的命名是别出心裁的。接近 17 世纪末，中国金鱼行家们使用的名字有下列种种：七星（指大熊星座）、八卦（指占卜）、莲台、绣花罩、八瓜子、鹤珠、银鞍，以及红尘。[22]

* * * * * *

金鱼是有关驯化的特殊事例，其优越之处是上千年来，文学和艺术作品对它的记载格外详尽。在广阔浩繁的动物驯化史中，金鱼的故事当然只是细枝末节。现在我们探讨整个驯化史。驯化（domestication）意味着支配（domination）：这两个字的词根之意都是掌握另一存在——将它置于自己的居所或是领地。对于像金鱼这样的小动物，支配它毫无问题。人们总是能够控制和摆弄它，无需进行训练。虽然有故事讲述如何训练金鱼仅仅回应男主人或女主人的召唤，但是在恰当时刻表演的能力对于金鱼的宠物身份并不重要。因为金鱼被限制在鱼池或是鱼缸里，它们不可能惹人讨厌。因此真正的挑战在于改变金鱼的形状，而非金鱼的行为。对于大型陆地动物，如果要利用或是享受它们，则必须支配它们。驯服某些大型哺乳动物可能不需要驯化（这里驯化的意思是通过选择性交配繁殖改变物种的基因构成）。最大的陆地哺乳动物大象就是例证。虽然未经驯化，但是它们易于被驯服。它们受驯做很多事，比如拖木料，以及为娱乐马戏团观众而穿上小袄用后腿站立。[23] 交配繁殖大象本身很困难，因为大象的孕期和成长期很长，此外，人类没有通过如此手段改变并控制大象的迫切需要。但对于其他大多数大型动物却有此需要，人类发现必须改变它们的生物学构成，否则无法轻易驯服这类动物，也无法使它们在整个成年期驯顺听话。

改变的方向朝哪里？对于那些在野外状态下因过于

庞大凶恶而无法操控的野兽，人类如何建立了对它们的支配？改变的方向之一是缩小尺寸。将一个大型动物压缩变小——成为宠物，宠物的字面意思是"小"。动物驯化开始于史前时期，一万多年以前。考古学家用来确定在史前营地中发现的骨骼是否属于驯化物种的标准之一就是尺寸。如何造成体型缩小？是否这是有意为之？即使有意努力控制和驯服，缩小的体型可能多少是意外手段的结果。起码佐伊纳（F. E. Zeuner）持这种看法，他认为新石器时代早期的农民不具备精心设计地缩小大型牛科动物体型所需的认识。他认为这是由于发生了以下一系列事件：当野牛习惯性地开始劫掠庄稼地时，它们初次接触人类。农民已经有了驯化狗、绵羊和山羊等物种的经验，他们尝试引诱野牛进入人造的畜栏。朝此方向迈出的一步是单独捕获小牛，将其作为宠物在营地附近喂养。有些吸引人的捕获物当然受到仁慈的对待，但是整体而言它们不可能得到持之以恒的关注和照料。新石器时代的农民本人对居住和食物要求不高，难以为自己的捕获物提供很好的生活条件。他们喂养的动物健康状况每况愈下。同野生祖先相比，圈养牛的后代变得较小较弱，也更温顺。经过新石器时代之后，牛的体型日渐变小，直到铁器时代，当时繁殖出的牛依据现代标准会被认为是矮种牛，它们鬐甲的高度不超过一米。[24]

101

真正的目标是便于管理或控制。较小的体型有助于此。另一个更为直接的方法是阉割，或许早在新石器时代就予以实施，这使雄性动物更为驯顺。割去某些样本的睾丸却不对其他的器官动手，这意味着人类能够并确实直接干预了繁殖进程。终于人能够掌控哪怕身高力大的牛。一旦动物被完全驯化，变得温顺，人就可以有意设法进行改变，因此动物会更加有用，更能取悦于人。人们可能力图使牛变大，因此出产更多牛肉，或能更好地拉车耕地，然而同时并不会变得凶恶。人们也可能为了宗教原因使牛角变长并改变形状。对马的驯化属于动物驯化史的后期阶段，人力图既繁殖大马，也繁殖小马。因此现在有一个极端是夏尔马（Shire），另一个极端是社特兰矮马（Shetland ponies）。*人们可能也运用某些美学标准。野马、驴和斑马的鬃毛短而直立，而各个品种的家养马却有优雅并一侧下垂的鬃毛。此外，家养马以更长更优美的尾巴为傲。

　动物幼崽都驯服于成年动物。因此培育动物，使它们始终保留幼年的解剖学和行为特征，这符合人类目的。除了体型，考古学家也将胎儿和未成年特征的保留作为标准，评估一个特定骨骼属于野生动物还是驯化

---

* 夏尔马是世界上最知名的挽用马，也是体型最大的马种之一，产于英国；社特兰矮马是一种强韧的小型马，发源于苏格兰的社特兰岛。

动物。未成年特征包括变短的下颌和面部。狗通常表现出这类特点，但是其他动物也是如此——有时十分夸张——比如某些品种的猪 [中白猪（Middle White）和名为尼亚图（Niatu）的南美牛等]。[25] 对于狗，缩小的口鼻造成牙齿较小。虽然大丹狗（Great Dane）和圣博纳犬（Saint Bernard）可能比它们的祖先狼体型高大，牙齿却要小些。驯化狗的其他幼年特征还包括短毛、卷尾、皮像赘肉一样折叠、很多品种共有的双耳下垂。下垂的双耳使狗有一种显而易见的顺从模样：想想斯派尼尔犬（Spaniel）。* 警犬应该有立起的尖耳以便避免哪怕是外表的服从印象。虽然温顺是人们希望的宠物特性，但是不应过分。巴结会令人腻烦，对人类友好可以是不分青红皂白的。康拉德·洛伦茨（Konrad Lorenz）** 认为这类行为特征是因为一种过度的幼稚病。这种狗"总是过分嬉闹，在满一岁之后很久，当其他狗已经变得沉着冷静，它们还不停地啃主人的鞋，或是拼命摇动窗帘；尤其是它们保持一种奴隶式的恭顺，而其他狗在数月之后就以一种健康的自信取代了这种态度"。[26]

　　由于几个原因，驯化对狗的影响值得更细致的考

102

---

　*　斯派尼尔犬起源于西班牙，特点是有一对下垂的长耳，泛指几种从丛林中驱赶猎物的运动型犬。
　**　洛伦茨（1903—1989），奥地利动物学家、动物心理学家，现代动物行为学的创立者，获诺贝尔生理学或医学奖。

察。原因之一是几乎可以肯定，狗是第一种被驯化的动物。在同人的长期交往中，狗的种类变得不同寻常的繁多，或许超过其他任何动物物种。此外，至少在西方世界，狗是最佳的宠物。它独特地展示出一套我们希望探讨的关系：支配和感情，热爱和虐待，残忍和仁慈。狗一方面唤起一个人力所能及的最好品质——对虚弱和依附性生命的自我牺牲式献身，另一方面诱惑人以一种任性专断，甚至悖理的方式行使权力。两种特性可能在同一人身上共存。

　　肉眼可见的一个显著事实是狗的多样性。体型的区别是如此之大，令人难以相信它们属于同一物种；确实由于显而易见的身体原因，最大的狗不能同最小的交配。一只吉娃娃（Chihuahua）*可能只有 4 磅，而成年的圣博纳犬重达 160 磅，体重是前者的 40 倍。

　　至于腿的种类，一个极端是腊肠狗（dachshunds）蹲伏一般的短腿，另一个极端是灵缇（greyhounds）和萨鲁基犬（salukis）长而优雅的四肢。说到极为不同的头，牛头犬（bulldogs）和巴哥犬（pugs）长着下部突出的颌骨和缩短的头，而俄罗斯灵缇（borzois）的头

---

* 也作奇瓦瓦，世界著名小型犬种之一，以墨西哥奇瓦瓦州命名，在中文语境中因谐音而称吉娃娃。

长而窄。狗的尾巴从团成一卷到新月状都有。毛发的颜色、长度和质地样式繁多，各不相同，甚至还有永远光秃的品种，被称为墨西哥无毛犬（Mexican hairless），与之相反的是毛发不断生长的贵宾犬（poodle）。[27]

　　狗的野生亲属们——狼、郊狼和豺——体型也各不相同，但是并不像狗那样南辕北辙。此外，它们毛发的颜色和长度并没有表现出驯化犬那样的解剖学对立和差异，例如没有狼豺类似腊肠狗和俄罗斯灵提的情况。新石器时代营地中出土的狗骨骼揭示出，发生的变异还微乎其微：它们都同现代的因纽特犬（Eskimo dog）相似。然而到公元前3000年，在美索不达米亚的人类已经知晓不同品种的狗：一种是身躯沉重的獒犬（mastiff，一种守卫犬），另一种是远为苗条的灵提或者萨鲁基犬。根据古埃及艺术，我们猜测存在几种不同的变种；就艺术描述涉及的时间长度和类型延续来看，我们估计品种之间的差异得到了精心维持。[28]

　　在古代近东，人类已经将狗视为一种能够为了自身目的控制并调整其繁殖血统的动物。这些目的是什么呢？是什么促使人改变狗的繁殖血统？从古代到近代，人类动机中最重要的一种是使用——用狗狩猎并守卫家园。协助猎人的猎犬是生存的工具。另一方面，在农业文明中，狩猎在生存活动中日益降低为一种辅助活动，却逐渐具有了体育运动的地位和功用，不仅在王公贵族中，后来在农民中也是如此。因此早在 14 世纪，英国的农场工人和佣人们可能会喂养灵猩用于运动性狩猎，当然他们欢迎捕获的猎物，会杀死它们补充食品储藏。[29]

一旦狩猎成为一种特殊的运动，狗就成为达到特定目的的工具，工具由运动性质界定，但也服务于娱乐这个更大的总体目的。起初狗只是娱乐的工具，然而不论作为地位的象征还是一种玩具，或是二者兼而有之，后来狗可能成为满足的直接因素。几乎所有我们现在认为主要是宠物的小型狗——膝盖上和闺房里的玩物——曾经却是为狩猎而繁殖它们。比如狸（terriers）的名字源于法文 terre（意为"土地"），繁殖它是为了溜进地里赶出像狐狸和獾这类小动物。至少早在 16 世纪，英国猎人们已经知道狸的存在。斯派尼尔犬来自西班牙，它被用于带鹰打猎，也用于设网捕鸟。理查德·布罗姆（Richard Blome）1686 年的著述指出如何训练斯派尼尔犬"躺下，贴在地上"，然后教它在捕鸟网拖过身上的时候平卧不动，此后再教它将躺下同山鹑味道联系起来。16 世纪时就存在斯派尼尔犬的玩物品种，后来以查理王斯派尼尔犬（King Charles spaniels）为人所知。除了作为宠物，很难发现它们有其他用途。人类很早就承认忠诚是斯派尼尔犬最与众不同的品质之一。因此在一本有关狗的娱乐功用的书中，布罗姆却占用篇幅写道："斯派尼尔犬本性深情，就此而言它超过所有其他生物，不论热或冷，雨或晴，日或夜，它们都不会抛弃自己的主人。几位严肃可信的作者留下很多惊人的叙述，讨论狗对主人的奇特感情，无论主人是否健在；但在此我无须提到它们。"[30]

贵宾犬是另一个例证。它似乎是一种轻浮和被娇惯的动物，除了作为玩物和社会象征，想象不出它还有什么用处。但繁殖它最初是作为猎手。贵宾犬的名字是poodle，源于德文 pudeln（意为泼水）。在法国，贵宾犬曾经并仍旧被广泛用作猎犬，尤其是用于猎鸭。剪毛后的贵宾犬看来滑稽可笑。所谓的狮子剪（将背上和身体后面的毛发剪短，因此狗看来像只鬃毛很多的微型狮子）已有300多年历史；这远非一种有趣的奇思怪想，这种剪法是为了使狗易于在水中行进。至于为狗头上的毛发和狗尾扎上蝴蝶结，起初也有实际目的，这是为了狗在芦苇丛中跑动时易于分辨。不过到法王路易十六在位时（1774—1792），贵宾犬已成为法国时尚的宠物。塞纳河沿岸的贵宾犬理发师生意兴隆。他们机敏地为这些长期受苦的动物打理出各种形状，包括真正的同心结和交织的字母，将树木造型艺术应用在动物的毛发上。[31]

有一种狗即便曾经有过任何实际用处，现在也似乎荡然无存，这就是北京狮子狗。难以想象这个令人想拥抱的毛茸茸的小动物，可能只有 4.5 磅重，会有狼这样的远亲。然而在解剖学和生理学的角度来看，就体内和体外的寄生虫而言，狼和北京狮子狗引人注目地相似。北京狮子狗的独特之处在于它保留了异乎寻常的幼体特征，颅骨上的面部很短，头大眼大，短腿卷尾，毛皮柔软。未成年基因使北京狮子狗易于被训练成宠物或表演动物。另一方面，北京狮子狗以聪明独立著称。综合这些优点，再加上稚气样貌具有的吸引力，这就不难理解为何自从 19 世纪它从中国被引入欧洲，就在欧洲宠物狗行家中很有人缘。

我们并不清楚北京狮子狗在中国的历史。关于何时出现了这个品种，撰写这个主题的作者们众说纷纭。[32]早在公元一世纪时小型犬在中国已经为人所知，汉代的桌腿很短，可以将它们放在桌子下面。唐代时小型犬成为宫廷时尚。其中有些可能是从拂菻国或拜占庭帝国带入中国的马耳他犬（Maltese type）。当人们开始将小型犬同佛祖狮子的传说联系起来，不论是马耳他犬还是土生的北京狮子狗，这些多毛小动物开始声望剧增。藏传佛教关注狮子，因为它被视为佛祖所降服欲望的象征；被降服的欲望化作微型狮子的形状，像宠物一样尾随佛祖小跑。当忽必烈汗统治中国时，他尊崇藏传佛教。他饲养的兽群中有狮子，一两只驯养的狮子居然在他的宫廷中漫步。大约人们从此时开始使用"狮子狗"这个名称。于是一种狗成为狮子的标记，它获得了狮子作为强大猛兽的威名，但是它的名声也与狮子同佛祖的关系相关。那么是否北京狮子狗是元朝的流行宠物呢？我们不得而知。我们只知道它们在清朝统治下兴旺繁殖。从康熙（1662—1722）初年到道光（1821—1850）晚期的艺术品清晰描绘了北京狮子狗和其他品种的狗。所有清朝皇帝似乎都偏爱北京狮子狗。他们也喜欢将这种北京狗称为狮子狗，因为这暗示将他们比作佛祖。

　　中国的狗行家认为，理想的北京狮子狗应该长着"包子般的"圆腮帮。它们的眼睛应该大而外凸，像金鱼的眼睛。前腿要短，不应直得像棍子；前腿要比后腿短点儿，因此走路时会摇摇摆摆，就像"长鳍金鱼"的游动。[33]因此人们不仅将北京狮子狗比成狮子，还比成中国人喜欢的另一种宠物金鱼。同金鱼的比较暗示人们渴望的特征同狮子相反：北京狮子狗应该体型很小，是能够像小玩意儿那样摆弄的动物。清朝配种师们力图培育袖珍样本，小到可以塞进女人外套的袖子。在道光年间，肆无忌惮的人们力图用药和各种操纵手段阻碍北京狮子狗的生长。慈禧太后严肃对待老佛爷这个称号，她

106

不赞成这类办法，却支持通过配种达到同一目的。但她的意见不太成功。欺诈的狗行家们继续通过邪恶的办法改变北京狮子狗的尺寸形状。一种办法是从三个月起直到它成年，控制狗崽的活动，通过降低食欲、减少食物消耗而延缓生长速度，可能会将狗崽关在一个空间狭窄的铁丝笼里直到它成年。另一个办法是将狗崽拿在手里数天，用手指轻压，以便稍稍增加其两肩之间的宽度。为了如愿使狗鼻子塌而微翘，当狗崽生下三至七天时，有些狗主人用拇指盖或筷子折断狗鼻梁，另一些人每天按摩狗鼻子，希望抑制鼻子的生长。[34]

  皇室赞助人和体面的社会阶层对这些办法侧目而视，一方面因为它们很残忍，另一方面也由于这是不合规矩的捷径。他们赞成进展缓慢的选择性配种。就北京狮子狗而言，数百年间在清朝皇帝的庇护和管事太监的监督下实施配种程序。得到的结果是一种吸引人、健康、聪明的动物，能表演各种把戏，活到25岁才寿终正寝。

  因此为狗配种，使之达到某种独出心裁的标准，同时并不损害它的健康和活力是可行的。另一方面，可以轻易举出例证，表明纯种狗确实经历了基因和生理学退化。可以简单表述这个基本问题。即很少能够繁殖一只狗，既达到指定的美丽和魅力标准，同时仍旧保持机能健全的活力和智力。正如康拉德·洛伦茨指出，"马戏

107

团的狗能够表演需要高智商的复杂把戏，但它们很少持有血统证书；这并不是因为‘穷’艺术家无力为良种狗付费——智力发达的马戏团狗也价格不菲——而是因为好的表演动物需要高智力而不是好体力”。在众多迅速衰退的例证中，洛伦茨提到松狮狗（Chow）。它在20世纪20年代早期仍是天然狗，突出分明的口鼻，倾斜形双目，以及尖而直立的耳朵令人想起它们流着狼血的祖先。然而现代繁殖手段导致松狮犬“夸大那些使它看起来像个胖熊的外貌特点：口鼻宽短……在五官紧凑的脸上，眼睛不再倾斜，耳朵几乎淹没在过度生长的厚密皮毛中。智力上也同样，它们不再是猛兽特征依稀可辨的、敏感易怒的生物，而是变成了笨拙迟缓的玩具熊”。[35]

　　动物可能失去很多天然的活力，但仍旧可以成为宠物。人们甚至希望宠物不要过于精力充沛、自我意识不要太强。如果要被一个管理有方的家庭接受，宠物必须学会静止不动，像一件家具那样毫不张扬。宠物要学会的一种最重要的招数是立即服从“坐着”和“卧倒”的命令。甚至在陌生的地方，当主人有事离开，一只训练有素的狗也能服从命令，一口气卧倒几个小时。静止不动的能力对于猎狗是必要的，对于一个繁忙、日程安排紧凑的现代家庭，显然也是极大的便利。然而对于某些人，他们就是希望狗服从命令。当行使权力没有特定目的，当服从这种权力违背牺牲者本人的强烈愿望和本性时，对另一生物行使的权力便显得确定不移，而且有悖常理地令人开心。狗表演满足人类通常的虚荣心和好胜心，但是表演也提供了场合和借口，得以在公众的喝彩声中，公开展示支配和贬低另一生物的权力。以下是对一场狗服从表演的描述，作者完全没有恶意，但却可以体现出一种表面优雅的残忍。

或许最困难的考验是当饥饿的狗被带进赛场，给它一盘爱吃的食物，狗坐在旁边，直到被告知时它才能吃；等待的时间是四分钟，狗主人必须离开。让狗独自面对诱人的盘子。一次在数百名观众的注视下，陈酒（一只小北京狮子狗）进入赛场。他很贪吃，因此这四分钟必定好像没完没了；他坚持了两分钟，没有离开自己的位置，慢慢起身，用辛西娅小姐的话说，"坐在后腿上乞求。"观众大声吼叫，但是它纹丝不动。它并没有违规，只是没有用四条腿，而是两条腿坐着；又过了两分钟。裁判叫它的主人；陈酒看着女主人走进赛场，但是知道当她走过来站在身边时还不能动。女主人必须等裁判发话。裁判说话了。女主人于是给陈酒自由，它毫无疑问地跳到食物上狼吞虎咽。[36]

在现代社会，可能另有人专门对狗进行约束和训练，而狗主人坐享其成——一只温顺友好的宠物。而造就一只宠物背后的严酷故事却被忘掉。故事必定严酷，因为所有成功训练的基础都是展示不可挑战的权威。对于谁是主人以及反抗的后果狗必定十分清楚。对于文雅的买主兼狗主人，故事的另外一方面也被掩盖，就是狗的交配和繁殖过程。当质疑狗的过去时，这些过程会被归入"血统证书"，当关注未来的子孙后代时，这被解释为在专业人员监督下采取的步骤。为获得和保留某些特征而繁殖动物要求对个别生命漠不关心，这表明了自然本身的巨大浪费。一本 17 世纪的英国手册解释说，"一旦母狗产下狗崽，必须挑选你打算留下的，将其余的扔掉。"一个约克郡的狗育种场（1691—1720）的狗舍记录有如下简短的条目："将三只狗崽给了布雷顿·桑希尔，其余的因为不令人喜爱而勒死。"[37] 现代育种师很明了近亲繁殖的危害，然而为了固定一种类型必须如此。一位 20 世纪的育种专家说道："大自然将近亲繁殖进行到极端，但是自然很严酷，如果导致退化，自然不会怜悯。"育种师必定也不能表现得怜悯。他必须是科学和残忍的。他"必须像通过显微镜那样观察近亲繁殖的影响，只要有害作用初露端倪，就必须防微杜渐，而且哪怕有此征兆的狗崽也得处理掉：已经走得太远，必须倒退"。[38]

通过交配产生某种类型的后代当然是一个精于计算的操纵性进程。我们已经谈到如何摆弄金鱼以便产生希望的效果。关于犬类交配存在更多的文献，读起来有时像实验室指导手册，有时像色情书刊。决定性干预另一生命的强烈愿望在犬类繁殖中得到某种满足。然而生命的冲动和进程往往并不整齐划一；育种师会遇到必须克服的困难。比如交配的时间，在不同的品种、同一品种之间，"甚至同一父母生下的母狗之间都各不相同。公狗对发情期母狗的态度也各不相同，很多在月经停止之前不碰母狗。有些只要母狗同意，随时都乐于同房"。但母狗往往并不情愿，不愿搭理育种师挑选并精心打扮的伴侣，因为她另有所爱。等待她同意没有用处，因此必须强迫。一位专家给予如下指导："牢牢抓住她的耳朵，另一人将手放在她的身下，使她稳定不动地等待公狗。用另一只手在恰当的瞬间在公狗后面协助性轻轻一推可能很有用处。当公狗正在靠近母狗时稳定他，然后当基本确定他们连成一体，轻轻转动他，于是公狗和母狗背靠背。"[39]为使交配的过程更为容易，可能需要给母狗的阴道涂抹凡士林，将公狗的器官"用手掌施加微暖的压力"。在为牟利而配种的无耻狗舍，不配合的母狗会得到帮助，如果拒绝帮助便强迫，即给她们戴上口套并用吊索拴住，使之无法反抗。[40]

＊＊＊＊＊＊

　　刚刚概括的进程是不文雅的私密勾当。在众目睽睽之下则是主人和他们的宠物。人们同喂养在家中的动物关系如何？随着时间的流逝，人们的态度如何改变？是否感情——对一只动物之安乐的个人牵挂——是人与动物纽带的共同要素？对于这些大问题我只能提供建议性答案。我们的关键问题是感情在这一纽带中的重要性，在不同的历史时期这也是最难捉摸的一点。毋庸置疑，自古以来狗就是被珍视的宠物。例如，在埃及法老的坟墓中出土了小狗的遗骸，追溯到公元前 2000 年。一个样本戴着象牙脚镯，其他的戴着皮革拧成的项圈。很多狗的牙齿很坏，表明它们曾患牙龈溃疡——用软烂食物喂养的后果。[41] 中国的很多皇帝珍爱并娇惯狗，引人注目的是汉灵帝（168—190 年在位），他为宠爱的狗封授官衔；这些狗享用最精挑细选的稻米和肉，睡在昂贵的地毯上。

　　在亚欧大陆两边，大量历史记载证实狗在权贵阶层的重要性。现在难以确定的是狗同男女主人关系的确切性质。毋庸置疑，良种狗是社会财富的象征。它们像其他珍贵的占有物那样备受保护和照料。然而同其他占有

物不同，动物提供娱乐；人们可能会抱起来摆弄它，或
是以某种方式使用（比如像使用一块踏脚垫或一个手
炉）；但是当主人的情绪改变，随时都可能将它放置一
旁，甚至踢到一边。流传下来的记载表明，在过去和现
在一样，宠物有各式各样的用途，人们可能以它们为
傲，但是却残忍蛮横地对待它们。甚至当人类对它们的
感情真诚而强烈时，人的对象也是某个类型或品种，而
不是针对特定的个体。罗马贵妇钟爱小狗。然而老普林
尼观察评论说，这些小狗也有实际用途。"我们优美的
夫人们通过触摸这些拉丁语称为美黛恩的可爱小狗获益
很多，如果不时将小狗紧贴胃部，可以减轻胃痛。"[42]
亚西比德（Alcibiades）*有一条美丽的大狗，它绒毛覆
盖的长尾尤其引人注目。这是一只他可以引以为傲的动
物，他确实珍爱它。但是据普鲁塔克（Plutarch）所述，
亚西比德命人剪去它的尾巴，因此雅典人也许会关注这
一古怪的行为而不是更糟糕的东西。[43] 这种行为确实古
怪，有意惊世骇俗。我们仍旧想知道的是，冷漠又夹杂
着溢于言表的强烈关注，这种态度在那个时代是否并不
那么常见——确实，在哪个历史时代人们不是如此对待

---

*　亚西比德（前450—前404），精明但不择手段的雅典政治家和军事统
帅。因投靠斯巴达人激起雅典人仇恨，这是斯巴达人在伯罗奔尼撒战争中
打败雅典人的主要原因。

动物？

自从文艺复兴时期以来，名人贵胄的肖像上往往画一两只狗，有时显著地置于背景中心，跻身于其他贵重物品之列——昂贵的织物、各式陈设，以及隐约可见的景观和地产——对它们的描绘细致入微，因此表现出它们的物质性和有形性。在这样的世界中狗确实受到珍视，但是作为个体它们是否俘获了男女主人的感情？例如是否为狗起名字？一般而言可能没有。汤普逊（G. S. Thomson）研究了17世纪后半叶贝德福德公爵五世（the fifth earl of Bedford）位于沃本的庄园，*他写道：

> 在沃本的画廊墙上，狗多次出现在男女主人的肖像里。它们主要是斯派尼尔犬。而在查兹沃斯，至少有一幅公爵的画像上画着一头美丽的猎犬灵猩站在主人身边。不过将狗画在肖像里是对它们的唯一称赞。无论斯派尼尔犬还是灵猩，人们在陈述中从来没有提到狗的名字，任何狗都不具有猎鹰汤姆逊那样的个体身份。所有的条目都是一般性概括——那里喂养和照料着如此众多的狗。[44]

111

---

* 贝德福德公爵五世全名弗朗西斯·拉塞尔·罗素（1765—1802），1771年继承贝德福德公爵名号，他对农业感兴趣，曾在沃本建立模范农场。

在 17 世纪以及后来的 200 年间，猎狐成为英国贵族和乡绅的流行体育活动。这种运动的社会特色相当程度上在于猎手对服装的鉴别力，以及参与的名马名犬。18 世纪时，比起一般劳工和照料它们的仆佣，这些马和犬的住处可能更为坚固。然而人们也可能残酷对待马和猎犬，比如情绪不佳或是全力追赶猎物时，对它们鞭打脚踢。1655 年，一个骑手主人在野外奔跑一天之后写道，"看到马满身泥浆血汗，被马刺乱踢，令人悲哀地疲惫不堪，爱马的他满心怜悯。"但是当马消耗殆尽后，它们便被迅速抛弃。[45]

* * * * * *

无论在庄园何处喂养动物，都会发展出对它们的真挚感情，哪怕只是暂时而且时有时无的，只存在于喂养它们的女人以及拥抱它们、同它们玩耍的孩子中。在欧洲，自从 17 世纪以降，整个社会似乎对家养的动物更为温馨。当时荷兰画派的作品支持这一观点。无论是风景画还是室内画，狗都是常见并引人注目的形象。此外，正如所绘的人物和内景都不矫揉造作一样——他们是资产阶级和下层阶级——画上的狗也不是得奖的名犬，不是地位和财富的标志，而是饮食无忧的家犬以及乡村和街头邂逅的流浪犬。资产阶级家中的狗是家庭

112

成员，参与日常活动以及节庆场合，因为这个原因被珍视，而不是因为它们的血统证书。[46] 这里存在真情，不过是一种不自觉而且实际的情绪。更为勃发的情绪是柔性城市生活的温室产物，要到更近的 19 世纪初才出现。正是此时多愁善感的狗类主题书开始被很多人阅读。约瑟夫·泰勒（Joseph Taylor）所著《狗的普遍性格》(*The General Character of the Dog*) 在 1804 年初次问世，其畅销程度确保两部续作接踵而至，一本是 1806 年出版的《犬之感激》(*Canine Gratitude*)，另一本是《四足朋友》(*Four-Footed Friends*)，在 1828 年问世。宣扬对动物仁爱的故事书包围着学童们。[47] 在同一时期出现了艾德温·兰西尔（Edwin Landseer）* 极为流行的动物画。保罗·委罗内塞（Paolo Veronese）、提香（Titian）和维拉斯奎兹（Velasquez）等昔日大师所画的动物有自己的思想，做自己的事情，与它们不同，兰西尔笔下的狗浸透着人类的感觉和道德。

　　在西欧以及后来在北美，与众不同地发展了这种有关动物的高度多愁善感的观点。使之产生的原因是什么？一个普遍原因是人和大自然日渐变远的距离。在一

---

* 兰西尔爵士（1802—1873），英国维多利亚时代的学院派画家和雕塑家，擅长表现动物的健美和生气，所绘动物有人类感情，尤以画犬见长。

个不断都市化和工业化的社会，人类对野生动物以及甚至对农场动物的共同体验日益减少，因此很容易对除了作为玩物外似乎毫无用处的宠物满怀脉脉温情。此外，人类需要发泄感情的出口，由于现代社会开始分裂人，将人隔绝在自己的私人领域，不鼓励随意的身体接触，对将手搭在另一人肩头这类极为惬意的庇护性姿态侧目而视，所以日益不易发现这类出口。

******

为评价个人同动物之间感情纽带的深度，我们最好阅读在不同时代和不同地方记载的众多有关个人的故事。例如自从古代，就有关于亚历山大大帝如何钟爱他的马比赛孚勒斯（Bucephalus）的著名记载。一次好斗的山地部落马蒂安斯人（Mardians）诱拐了比赛孚勒斯，亚历山大大帝因此要冒险同他们开战。亚历山大大帝还一手养大了自己的爱犬佩里达斯（Peritas）。在中亚至少有一个城市用这条狗命名，此外还为它建起一座纪念碑。王公贵胄们将世界踩在脚下，却似乎仍旧需要动物的盲目献身，他们也对这些动物报以极度的关注和感情。虽然路易十四始终有男男女女对他言听计从，他仍旧需要塞特种母狗的陪伴，在他的房中总是有七八条之多。为了让狗能认识他，他亲手喂狗。托马斯·卡莱

113

尔（Tomas Carlyle）*为腓特烈大帝作传，他在传记中讲述了几个有关腓特烈大帝对狗流露温情的故事，说人们看见他"坐在地上，旁边是装着烤肉的大平盘，他用盘子里的肉喂几条狗，并用一根树枝维持次序，把最好的肉拨给他的宠儿"。1774 年"腓特烈被孤独环绕，他将自己同狗一起关在无忧宫（Sans Souci）里，后来他要求死后埋在这座位于波茨坦的小夏宫，在台地下面同他的狗们一起"。1786 年当腓特烈大帝临终之际，他注意到他的母灵猩卧在床边的凳子上发抖。"给它盖条被子。"他说。这可能是他在世上说的最后一句话。[48]

在我们的时代，孤独的作家 T. H. 怀特（T. H. White）同他名为布朗尼的红塞特犬之间发展了一段暖心的罗曼史。就怀特而言，罗曼史的开端十分平淡。他回忆说起初他认为自己的宠物就是"那只狗"，就像人们想到"那把椅子"或者"那把雨伞"那样。他说："赛特犬看起来十分美丽。我有一辆美丽的汽车，有时候我戴一顶美丽的大礼帽。我感觉'那只狗'几乎就像那顶帽子一样正合我意。"后来随意的赞赏深化成爱。引起变化的契机是布朗尼害重病几乎死掉，怀特呵护这只赛特犬，使它转危为安。但是在 11 年的相依相

* 卡莱尔（1795—1881），英国历史学家，著有《法国革命》等。

伴后，狗的确死了。怀特写信给大卫·加奈特说："我在墓边待了一周，所以每天我可以两次到那里去诉说，'好姑娘，睡着的姑娘，睡去吧，布朗尼。'这是她懂的话……然后我不情愿地去了都柏林，有九天喝得酩酊大醉，我回家时感觉半死不活。"半死不活。显然怀特不得不继续活着。即使在埋葬布朗尼之前，当布朗尼的身体还在他身边，他还在考虑是否自己应该买另一只狗。他的思考十分现实："我可能会再活30年，这相当于两条狗的寿命……当一个人如此刻骨铭心地爱它们，这无疑是很大的妨碍。"[49]

康拉德·洛伦茨在他所著《人犬相逢》（*Man Meets Dog*）中提出两点，大约能够定义人类感情的局限。其一是一种绵延不去的倾向，甚至珍爱的宠物也要让位于出自方便的考虑。洛伦茨如此写道："如果我问一个刚刚还在夸耀他的狗，说它不仅勇猛，而且还具备其他极好特性的人一个问题，我总是问他是否还养着这条狗。回答往往是……'不养了，我不得不丢掉它，因为我搬到另外的城市，或者是搬进一个小房子'。"就此而言，有一个重要之处要指出，加州家犬的平均年龄只有4.4岁，大半在3岁以下。家犬得到很好的照料，但是它们很少终老家中：在进入老年之前很久就被处理了。洛伦茨提出的第二点涉及动物的个体性。一头忠犬去世引起的悲伤可能同深爱之人的离世相差无几。不过洛伦茨说，由于一个基本细节的不同，前者较为容易忍受：

> 在你的生活中，人类朋友占据的地方永远无法填补；而你的狗可以被取代。狗确实是个体，具有最真实无误的个性，我是最不应该否认这个事实的人。但是比起人类，它们彼此远为相似……就那些决定狗同人的特殊关系的深刻的本能感觉，狗彼此极为相似。如果在狗死后你立刻领养一只相同品种的狗崽，你大致会感觉狗崽填补了老友离开后在内心和生活中留下的孤寂。[50]

1　Kathleen Szasz, *Petishism: Pets and Their People in the Western World* (New York: Holt, Rinehart and Winston, 1969), xiii.

2　Glenn Radde, personal communication. 见 Robert H. Wibur, "Pets, Pet Ownership and Animal Control: Social and Psychological Attitudes," *The National Conference on Dog and Cat Control* (1975), Denver, *Proceedings* (1976), 21–34。

3　On castrating instruments, see *Omaha Vaccine Company Summer Catalog* 1983.

4　Elizabeth Marshall Thomas, *The Harmless People* (New York: Vintage Books, 1965), 51–52.

5　同上书，第 53 页。

6　Edward Moffat Weyer, *The Eskimos: Their Environment and Folkways* (New Haven: Yale University Press, 1932), 73.

7　Knud Rasmussen, "Intellectual Life of the Iglulik Eskimos," *Report of the Fifth Thule Expedition 1921–24, The Danish Expedition to Arctic North America*, vol.7, no.1, 1929 (Copenhagen), p.74.

8 同上书，第 56 页。

9 E. E. Evans-Pritchard, *The Nuer* (Oxford at the Clarendon Press, 1940), 37.

10 同上书，第 27 页。

11 George Santayana, *Dominations and Powers* (New York: Scribner's, 1951), 75.

12 引自 Margaret Titcomb, *Dog and Man in the Ancient Pacific* (Honolulu: Bernice P. Bishop Museum Special Publication 59, 1969), 3–4。

13 摄影引自 Adolph H. Schultz, "Some Factors Influencing the Social Life of Primates in General and of Early Man in Particular," in *Social Life of Early Man*, ed. S. L. Washburn (Chicago: Aldine, 1961), 72。

14 Titcomb, *Dog and Man*, 9–10.

15 S. L. Washburn, "Speculations of the Interrelations of the History of Tools and Biological evolution," in *The Evolution of Man's Capacity for Culture*, eds. J. N. Spuhler (Detroit: Wayne State University Press, 1959); S. L. Washburn and C. S. Lancaster, "The Evolution of Hunting," in *Man the Hunter*, ed. R. B. Lee and I. DeVore (Chicago: Aldine, 1968), 293–303, esp.293, 300.

16 George Hervey and Jack Hems, *The Goldfish* (London: Faber and Faber, 1968), 248–49. 我依据此书撰写有关金鱼的一节。

17 *Japanese Goldfish: Their Varieties and Cultivation* (Washington, D. C.: W. F. Roberts, 1909), 37.

18 引自 Hervey and Hems, *Goldfish*, 77。

19 George Hervey, *The Goldish of China in the Eighteenth Century* (London: The China Society, 1950), 33.

20 同上书，第 26 页。

21 Hervey and Hems, *Goldfish*, 228.

22 同上书，第 240 页。

23 H. H. Scullard, *The Elephant in the Greek and Roman World* (Ithaca: Cornell University Press, 1974), 250–59.

24 Frederick E. Zeuner, *A History of Domesticated Animals* (New York: Harper and Row, 1963), 36–43, 46–49, 51–63.

25 Juliet Clutton-Brock, *Domesticated Animals from Early Times* (Austin: University of Texas Press, 1981), 22–24.

26 Konrad Lorenz, *Man Meets Dog* (Harmondsworth, Middlesex: Penguin Books, 1964), 24.

27 John Paul Scott and John L. Fuller, *Genetics and the Social Behavior of the Dog* (Chicago: University of Chicago Press, 1965), 29.

28　M. Hilzheimer, *Animal Remains from Tell Asmar*, Studies in Ancient Oriental Civilization, no.20（Chicago: University of Chicago Press, 1941）; P. E. Newberry, Beni Hasan, part I, in F. L. Griffeth, ed., *Archaeological survey of Egypt*, Egypt Exploration Fund（London: Kegan Paul, Trübner Co., 1893）.

29　G. M. Trevelyan, *English Social History*（London: Longman, Green, 1942）, 22—23.

30　Richard Blome, *The Gentleman's Recreation*（London: S. Roycroft, 1686）, 引自 Scott and Fuller, *Social Behavior of the Dog*, 46—47。

31　Grace E. L. Boyd, "Poodle," in *The Book of the Dog*, ed. Brian Vesey-Fitzgerald（London: Nicholson and Watson, 1948）, 598—99.

32　V. W. F. Collier, *Dogs of China and Japan in Nature and Art*（New York: Fredrick A. Stokes, 1921）; Annie Coath Dixey, *The Lion Dog of Peking*（London: Peter Davies, 1931）; Clifford L. B. Hubbard, "Pekinese," in Vesey-Fitzgerald, *Book of the Dog*, 583—86.

33　Rumer Godden, *The Butterfly Lions: The Pekinese in History, Legend and Art*（New York: Viking, 1978）, 137.

34　Collier, *Dogs of China and Japan*, 53—54.

35　Lorenz, *Man Meets Dog*, 88—90.

36　Godden, *Butterfly Lions*, 159.

37　Nicholas Cox, *The Gentleman's Recreation*（1677; reprint, East Ardsley, 1973）; 引自 Keith Thomas, *Man and the Natural World: A History of Modern Sensibility*（New York: Pantheon Books, 1983）, 60。

38　W. L. McCandlish, "Breeding for Show," in Vesey-Fitzgerald, *Book of the Dog*, 84.

39　Winnie Barber, "The Canine Cult," 引自上书, 105。

40　J. R. Ackerley, *My Dog Tulip*（New York: Fleet, 1965）, 68, 77, 84.

41　A. Croxton-Smith, "The Dog in History," in Vesey-Fitzgerald, *Book of the Dog*, 24.

42　*Pliny's Natural History in Philemon Holland's Translation*, P. Turner, ed.（London: Centaur Press, 1962）, 316.

43　"Alcibiades," in *Plutarch's Lives*（New York: Modern Library, n.d.）, 238.

44　Gladys Scott Thomson, *Life in a Noble Household 1641—1700*（London: Jonathan Cape, 1937）, 234.

45　Thomas de Grey, *The Compleat Horse-Man*, 3d ed. 1656; 引自 K. Thomas,

Man and the Natural World, 100; 见 Trevelyan, *English Social History*, 280–81, 406–07。

46 Brian Vesey-Fitzgerald, *The Domestic Dog: Introduction to Its History* (London: Routledge and Kegan Paul, 1957), 67.

47 Turner, *Reckoning with the Beast*, 19.

48 Mary Renault, *The Nature of Alexander* (Harmondsworth, Middlesex: Penguin Books, 1983), 158, 168; Norton, *Saint-Simon at Versailles*, 260; Thomas Carlyle, *History of Friedrich II of Prussia called Frederick the Great*, ed. John Clive (Chicago: University of Chicago Press, 1969), 469.

49 Sylvia Townsend Warner, *T. H. White* (London: Jonathan Cape, 1967), 72, 211–13.

50 Lorenz, *Man Meets Dog*, 138–39, 194–95.

第七章

儿童和女人

当我们思考一个人对另一个人行使权力时，最先出
现在脑中的形象不大可能是母亲与孩子。因为当想到母
亲和孩子，我们眼前的形象是感情和温柔——我们通常
认为这些特性同权力关系完全无关。阻碍将权力同母性
相提并论的还有一点，即个人（person）这个词指的是
成年人。就这个词的最充分含义而言，婴儿或儿童还
不能被认为是个人。因此虽然母亲对自己的孩子权力很
大，但是并不将此理解为对另一个完全个人的权力。换
言之，孩子是宠物，理应被如此对待。

无论母亲如何看待自己的婴儿，就实际的抚育而
言，她必须将它（it）视为一个毫无自制的小动物，甚
至一件东西。她自信而且权威地抱起和放下孩子。她
用一只手抬起它的腿，另一只手为它擦屁股。换尿布
时，她迅速翻转孩子，像厨师翻动松饼那样无动于
衷。在大些时，要训练孩子自己大小便，就像狗崽被
送到人类家庭之前的训练。在训练中对孩子和狗崽
的指令以及发布指令的方式实际上相同。小孩子是
一片野生的自然，必须被驯服然后摆弄——改变成可
爱、想拥抱的东西，或是母亲或代孕母亲认为适宜的

迷你成人，为它留卷发、直发，或是用丝带束发。为它穿衣脱衣的时间——在小孩看来——必定是任性随意的。衣服似乎同男孩女孩的愿望和需要无关。孩子的打扮着装基本依据成人的便利和好恶。当婴孩能移动时，必须限制它的活动。在室内把它放在护栏里，为它自身的安全和母亲的便利把它关起来。在室外，学步的孩子可能像狗崽一样用皮带牵着。孩子不仅必须受训，还要受教育，母亲在孩子关键的成长阶段也发挥主要作用。女人或许总是承认这一权力。近现代的女权主义意识对此公开坦承。玛丽·赫尔伯特（Mary Hurlbut）住在康涅狄格州的新伦敦，是四个孩子的母亲，她在1831年写道："啊，一个母亲的责任是多么神圣伟大。"1813年苏珊·亨廷顿（Susan Huntington）记载说母亲的任务是"按照自己的好恶来塑造婴儿的性格品德"，[1]她的态度即使并不傲慢，也是自信满满的。

当然在西方传统中，对儿童的态度在不同文化和不同时代各不相同。全世界的母亲都体谅自己的孩子。这一点毋庸置疑。但是这种感情的确切性质是什么？人们在何等程度上自觉培养并清晰表述这种感情？对这些问题的答案不太明确。或许所有文化中的成人对幼小孩子分享的共同感受是，这是个温暖柔软的小动物，拥抱它令人愉悦。朱尔斯·亨利（Jules Henry）报道了生活在巴西高原森林中的卡因岗人（Kaingang）——以狩猎和采集为生的部落民，指出部落中的成年人很宠爱孩子。孩子的吸引力源于他们的普遍特点——他们的小身体温暖柔软。同这个特点相比，儿童独特的个性毫不重要。学步的孩子听从所有成年人的吩咐。他们在各处睡觉，他们蹒跚走到年长些的人们身边，像狗崽那样，接受永不落空的甜蜜抚摸。[2] 在现代社会，孩子并不赤身裸体在公共空间走来走去，也不听命于所有成年人。但我们知道抱着小孩子，将它搂在怀里是多么令人愉快。当我们抱孩子时，这是不是一种关爱保护的姿态？或者说，我们在不安和自我怀疑的瞬间抱住一个孩子，像不像抱住一条安抚毯？前现代时期的证据指出，欧洲母亲可能会带着婴儿上床，抱住它入睡，以至于产生致命的后果。解释婴儿死亡的常见原因之一是"遮盖"或床上窒息。可能婴儿被有意杀死，但是也可能把婴儿当成安抚毯搂抱致死。在中世纪时人们明了这种可能性，因此间或对父母发出警告，要他们一定不能"像常春藤缠绕树那样"娇惯孩子，因为常春藤"必定杀死树，也不要像类人猿那样仅仅出于爱将幼崽搂抱致死"。[3]

117

　　婴儿无法活动，因此成年人随时可以将它们抱起放下。在早年间，婴儿的无活动性被襁褓这种通行的办法强化。有几个可能的原因解释为何包裹婴儿。其一是使

婴儿的肢体变直，而且不会发展一种类似动物的，在那种
年龄很自然的胎儿姿态。当时人们认为婴儿像动物那样
暴力，因此第二个原因是阻止它伤害自己，比如挖出自己
的眼睛。第三个原因是对成人比较便利。襁褓中的婴儿像
一件物品，可以放在任何地方，甚至可以挂在墙上或是放
在炉子后面，因此不妨碍任何人。也可以将襁褓中的婴儿
作为玩具，像球一样扔来扔去。如此对待孩子似乎匪夷
所思，但是历史记载指出这可能发生，而且并非孤立的
意外。例如法王亨利四世有个兄弟，人们为了取乐将他从
一个窗口传递到另一个窗口，导致他被失手摔死。尚在襁
褓的德·马尔莱伯爵（Comte De Marle）遭到同样的命
运。"一个侍从和照料他的保姆为取乐将他通过窗户扔来
扔去。有时他们假装接不到他……婴儿德·马尔莱伯爵掉
下去，撞在下面的石阶上。"在 18 和 19 世纪，医生们抱
怨由于他们所说的"习惯性"抛掷，父母折断了孩子的
骨头。[4]

将小孩子视为性玩物，在历史上这确实发生在西方
文化中，可能现在还在发生，这种行为可能也发生在
其他文化。西方文化中的性习俗变化可以说非常大，那
些我们如今会满怀恐惧地视为性错乱或是性虐待的行
为，在早年间会被十分轻松地当作游戏或是社会认可
的行动。在古典希腊罗马时代，为性目的使用儿童是相

当普遍的做法。"不仅可以用钱买男童，还可以订立契约，长期或短期雇用他们……在希腊，至少在雅典和其他港口城市有妓院或是出租屋，那里可以买到男童和青少年，单独买到或是同姑娘一道。"在法律禁止同自由男孩性交的地方，男人为取乐蓄养奴隶男童。可以将孩子卖人为妾，因此缪索尼乌斯·卢福思（Musonius Rufus）想知道，是否被父亲卖入这种终身耻辱之境的男童有权抵抗。*在健身房中，教练受到他手下裸体男童的诱惑。普鲁塔克说自由的罗马男孩在裸体玩耍时，会在脖子上挂个金球对男人们示警，表明他们不愿受到骚扰。在同青少年的性游戏中超越限度的人们当然会受到谴责。提比略皇帝就过分了。因为皇帝训练"被他叫做'米诺鱼'的小男童们在他游泳时追逐他，在他两腿间舔咬，也因为他要还没有断奶的婴儿吸吮他"，他受到苏艾托尼乌斯的责难。另一方面，成年人触摸男童们"尚未成熟的小器具"或许可被归入无害娱乐的范畴，佩特罗尼乌斯（Petronius）**喜欢描写这类事。[5]

118

　　在欧洲，直到 17 世纪，所有社会阶层的成人们都

---

* 缪索尼乌斯·卢福思（30—100），四位伟大的罗马斯多葛派哲学家之一，被称为"罗马的苏格拉底"。

** 佩特罗尼乌斯是罗马帝国讽刺作家，作品有《萨蒂利孔》等。

在儿童面前毫不避讳地使用下流诙谐的言语，公开从事性行为。确实，儿童常常成为性取笑的目标。儿童的天真和半知半解使成人感觉有趣。艺术、文学和其他文献记载了成人对儿童的肆无忌惮。文献之一是路易十四的御医让·艾罗阿尔（Jean Heroard）的日记，其中记载了路易十三幼时的生活细节。现代读者会为读到的内容感到震惊。路易十三被所有找乐子的成年人视为某种聪明的小狗崽，随意玩弄，从他的保姆直到尊贵的皇家父母都是如此。当小路易十三尚不满一岁时，她的保姆用手指来回晃动他的小生殖器，使他笑个不停。很快孩子就学会了这个把戏。他召唤一个小厮，"喊道：'来啊！'然后撩起袍子，给小厮看自己的小鸡鸡"。根据艾罗阿尔的记述，当他兴致好时，会叫周围的人亲吻他的生殖器和乳头。德·维纳伊女侯爵（marquise de Verneuil）想把手放在他的外套下面摸弄他的乳头，但是路易十三不让，因为人们告诉他女侯爵可能想割下他的乳头。甚至他的母亲王后也加入游戏。她触动他的生殖器并说："儿子，我握着你的壶嘴。"但是所有记述中最令人惊讶的是，一天路易十三和他的姐妹宽衣，裸体睡在国王的床上，他们一边亲吻一边私语，国王快乐无比。[6]

在 12 世纪之前，父母无疑对他们的孩子满怀柔情，但是这种感情没有上升为反身性意识，未能通过艺术和

119

文学进行表达。在中世纪，一旦孩子可以自己站立，就被视为身材矮小的成人；到七八岁时就把他们送去做工，像成年人那样受到经济剥削。然而到13世纪已经出现了征兆，开始将童年视为人生特定的、充满关爱的阶段。在后来的时期，人们日益注意到儿童的特殊需要以及他们独特的行为方式。到17世纪，这种兴趣展示在贵族府邸中为数众多、颇为常见的肖像画中。有史以来第一次，世俗的家庭肖像画开始以儿童为中心。男孩或女孩成为骄傲和价值的焦点，有了在其他肖像中狗或猴子可能发挥的作用——或者孩子和动物都成为爱心满满的家中不可或缺的因素。在这个时期的很多绘画中，孩子也占据荣耀的位置。人们钟爱地描绘男孩和女孩上音乐课、读书、画画、玩耍。然而有些成年人却使自己的钟爱之情偏离正轨。他们不仅以孩子的知书达理为乐，也对它的滑稽可笑感觉有趣；甚至为自己取乐鼓励孩子跳跃嬉戏。他们也喜欢像溺爱纵容宠物狗那样对待孩子。德·赛维涅夫人对她18个月大孙女的态度表明了这一癖好。在一封写于1670年的信中，她描述这个小女孩能够玩"101种小把戏——她喋喋不休，抚摸人，打人，在身上画十字，请求宽恕，行屈膝礼，吻你的手，耸肩，跳舞，哄骗，抚弄你的下巴：简言之，她就是个小可爱。我每次都同她玩好几个小时"。

　　但并非所有人都喜欢这种愚蠢的钟爱。例如蒙田无法接受这种爱孩子"就像爱猴子，为本人取乐"的思想，或是以他们的"嬉闹，游戏和幼稚的胡闹"为乐事。到下个世纪，这种批评性态度被更广泛接受。道德主义者克劳德·孚勒里（Claude Fleury）在一篇有关教育方法的论述（1686）中责骂一种愚蠢的习惯，即当孩子说了错误但是机灵的话时赞扬亲吻孩子，或是有意引诱孩子做出不正确的推断，只是因为这引人开心。孚勒里使用的词句类似于蒙田："像小狗和小猴子，似乎这些可怜的小孩就是用来供成人取乐。"达尔岗内（M. d'Argonne）有关教育的著作重复这一观点。他认为"太多的父母器重孩子只是因为他们从孩子身上得到愉悦和娱乐"。[7]

　　当然不论男孩女孩都可以被视为宠物。然而在男性主宰的复杂社会中，小男孩是特殊意义上的宠物，我们需要简短探讨为何如此。我们听到比如"妈宝""妈妈的宠儿"或是"妈妈的小男人"这样的说法。人们也说"老师的宠儿"，在美国，小学老师大多是女性。[8] 在一边是有权力的专断女人，在另一边是无助的小男童。在一个男人主宰的社会，在抚养儿童成长的家中男主人却很少在家，他只是一个遥远而令人敬畏的形象。生活的细节由女人掌管。她们的形象代表直接的权威，具有养育或不养育的巨大权力。孩子们在家中常见的成年男人一般没有多少权力，他们地位不高，是佣人、奴隶或家庭教师。母亲掌管一切有关孩子的事务。她同女儿的关系一般很温馨，并无模糊之处。女儿是年幼版本的母亲；小女孩的成长阶段是母亲的复制。对于小女孩，成长也并无悬念。她有母亲作为持续的榜样。女孩游戏时的过家家终究会成为女人的认真工作：二者之间并无截然的断裂。

在这种类型的社会中，母与子的关系更为复杂紧张。即使当儿子还是婴儿，母亲也不会忽略儿子属于异性这个事实。每次当她为儿子洗澡她都注意到这个差异。每次当她逗弄他，不论如何毫无邪念，都不可能完全没有性成分。我们不应对一幅描绘圣人的 1511 年版画感到惊吓或是误解，画上圣安妮（Saint Anne）* 分开孩子的两腿，好像她要探手孩子的私处胳肢他。9 这幅画表明当时人们坦然面对性，或是对性并无邪念。在一个更假正经的时代，母亲有意回避触摸儿子的这些部位，但性意识却仍旧存在——确实具有更强烈的形式。男孩被爱不仅因为他是孩子，还因为他是男性。社会认为男孩价值更高，母亲部分地沾了光，因为生下儿子的她提高了本人在社会中的价值。儿子延伸了她的权力；

---

* 圣安妮传统上被认为是耶稣的外祖母，处女玛利亚之母，亦为祖父母的庇护圣人。

他是她的保障，是她骁勇的斗士；他是她的"小男人"。她希望自己的儿子举手投足像个小男人，有点儿趾高气扬。当他表现出早熟的男子气，她被逗乐，如果他表现出想玩娃娃这类女孩特性，她可能残忍地嘲弄他。在另一方面，儿子因为吵闹打斗，因为炫耀和咄咄逼人受到责骂。母亲建立儿子的男性自我然后又进行遏制，因为他男性自我的粗糙力量也因为其力量不足而自相矛盾地奚落他。

为什么存在这种隐而不现的不满？为什么存在嘲弄儿子的诱惑？在母亲同女儿的关系中不大可能出现这种诱惑。答案之一在于男性主宰的社会性质。不论女人外表上如何顺从，她对自己的从属地位感觉不满。妻子不喜欢丈夫同其他男人一起消磨一天的最好时光，将她视为不过是他本人舒适的监督者，孩子的母亲，甚至由于熟悉和疲惫，轻易就对她漠不关心。女人却不能将怒气针对自己的丈夫以及笼统的男人地位，然而却可以发泄在儿子身上。正如菲利普·斯莱特（Philip Slater）指出，希腊神话凶残并毫不掩饰地表达了如何将儿子作为父亲的替罪羊。"美狄亚（Medea）对伊阿宋（Jason）妒火中烧，她杀死了儿子（欧里庇得斯），* 而普鲁丝妮

---

* 欧里庇得斯（前480—前406），古希腊著名的悲剧大师，《美狄亚》是他的存世剧目之一。

（Procne）出于同样的动机杀死了儿子，做成炖菜端到
他父亲面前（阿波罗多罗斯*）。"[10] 这些故事充斥着强
烈的情感。为了父亲不太严重的罪过，儿子可能也需要
付出代价。

　　在更早的时代和其他文化中，女人象征着令人敬畏
的力量，被视为既能创造也能毁灭。女人是伟大的母
亲，所有生命之源以及抚育女神。她也是可怕的母亲，
在伊特鲁里亚、罗马、埃及、印度、巴厘岛和墨西哥等
地具有妖怪的形状。伟大的母亲是永远肥沃的大地，可
怕的母亲是永远饥饿的大地，她吞噬自己的儿女，靠他
们的尸骨长胖。[11] 在很多社会，作为孩子的抚育者和植
物的培育者，女人在权力结构中占据中心位置。一个西
非团结组织中的女人说："不论男酋长个头大小，重要
的是生下他的是女人。"这些女人们将酋长当作孩子，
能够以这种方式抗议他的行动。[12] 她们依靠奚落和羞耻
心达到目的。没有男人能够完全忘记他以前曾完全依赖
一个女人。在父权制社会，男人们永远不能完全摆脱一
种潜意识的恐惧，害怕自己不知不觉退回儿童状态，再
次成为女人的附属品和玩物。女人不可抵御的花招似乎
永无穷尽地翻新，男人卑躬屈膝的形式也多种多样。卢

122

---

* 阿波罗多罗斯是希腊雅典的神话作家，约生于公元前 140 年，著有《神
话全书》。

梭以关心当代男人自诩，他们如此尽心尽力地讨好女人，如此漠视自身需要的头脑刺激和身体锻炼，如此无力抵御大自然跌宕起伏的情绪，于是正在变成一种哈巴狗。在一首题为"论女人"（*On Woman*）的诗里，卢梭形容女人是诱惑的致命生物，她"将男人变成奴隶，当他抱怨时取笑他，当他害怕她时驾驭他，她惩罚他，掀起风暴折磨人类"。[13]

不论自然还是文化意义的女人都对男人造成威胁。作为自然，她是一种神秘暴烈的力量，需要抚慰或控制。她也是丰饶，是自然压倒一切的充裕，用安逸的诱惑威胁男人，使之弃绝冲突和文化，在自然丰满的膝头过懒散的日子。[14]作为文化和计谋，女人代表一种威胁驯化男人的力量，阉割他，约束他的自由和野性。为了克服自身的恐惧，男人寻求一种支配和居高临下的姿态。鉴于女人的自然力量，男人必须按照自身需要和愿望驯服并驾驭她。然而自然不仅强大，而且是无意识的、粗糙的、非理性的、不分是非的。这些是天真无邪的缺陷——自然和儿童的天真无邪。在这副自然的外表下，女人就像儿童。可以对她居高临下，可以像对孩子一样对待她。女人就像自然和孩子一样沉默——她没有清楚流利的言谈。她被教导当自己的男人在场时保持沉默。言谈并不适合她，因为她的话或是像孩子的天真呢喃，或是口无遮拦，不合公众话语的需要。[15]
重要的是，在日本是男人使插花艺术趋于完美，由男人传授给女人，以便她能够不通过言语就对主人表达情绪。

在另一方面，男人也承认女人是文化，是文化的女主人，能够清楚表达精炼的话语。男人对这种看法的回应是将文化看作无聊琐事——生活中基本无用的小玩意和小装饰——将言语本身视为毫无效率的证据；女人说话是因为她缺少行动的力量，不能移动现实生活中的物品。男人似乎感觉不如女人，为了克服这种感觉，他将辅助和协助性角色分配给女人，使她成为延续他血脉的工具、儿童、女佣、易碎的饰物、性乐趣和健康的源泉，以及玩物。确实，比起将她们视为表现声望的物件、玩物和宠物，在世界各地远为普遍的趋势是在经济上剥削女性，将她们作为承担不适宜任务的劳工。但本书关注的是前者。

123

当我们思考作为玩物和宠物的女人，必定出现的景象是父权制社会的女人居住区，是在穆斯林住所里的闺房（seraglios）和内室（harems）中延续的生活。流行的观念认为这里是有权有势的好色男人们的乐园，这些男人占有她们，住在那里的女人们没有权利，只是名望和纵欲的对象。当然实际情形要远为复杂。礼仪规范和责任不仅束缚女人，也束缚她们的主人，在某些方面同样繁杂。但是归根结底，我们的结论必须是，被隔绝在自己住处的女人同外面的世界几乎毫无接触，她们的存在是为了男人的需要和愉悦。

思考一下传统时代的中国，那里中等阶层以上的男人们实行多妻制有两千年之久。早在周朝中期（约公元前 700 至前 500 年），就认为天子需要一后、三夫人、九嫔、二十七世妇和八十一御妻的侍奉和陪伴（一之后的所有数字都是三的倍数——三是强有力的魔法数）。为何天子需要如此之多的女人？依据宇宙论和医学的回答是，天子精力旺盛，因此需要很多女伴同房延续他的生命力。在与王后同房之前，屡屡同低品阶的妃嫔交媾可以使天子的精力更加旺盛，确保成功产下强健聪慧的皇子承继大统。[16] 这种观念并非局限于一国之君，它随等级制度向下渗透并代代相传。到汉朝时，按照习俗，中等阶层的一家之主可以有妻妾三到四人，中上阶层的男人有六到十二人，贵族、大将军或王公多达 30 人以上。对纵欲的辩护是养生之道以及为社会需要产下精力充沛的男性继承人，可以理解这类观念在男人中很流行。不过理学家们不时提出反对意见，尤其在宋朝更是如此，因此王楙（1151—1213）写道：*

---

* 出自宋代王楙所著《野客丛书》。

今贵公子多畜姬滕，倚重于区区之药石……非徒无
益，反以速祸。虽明理君子如韩退之，有所不免。情欲
之不可制如此，故士大夫以粉白黛绿丧身殒命，何可胜
数！前覆后继，曾不知悟。[17]

这些女子来自何处，如何得到她们？由于年代久
远，无法提供确定的答案，即使对聚集在皇宫中的众多
女子我们也知之不详。然而可以做出合理的推测。高
罗佩认为在帝国鼎盛时期（唐朝），宫中妃嫔"有各
地、外国和藩邦进贡的女子；有一心邀宠的豪门贵胄的
女儿；也有入选进宫的民女。内府官员总是遍访帝国各
地，搜求貌美有才的女子，显然不问出身何处，甚至并
不轻贱商妓和官妓"。[18] 因此正如珍奇鸟禽和草木，找
到的女子被当作礼物和贡品送入宫中，此后按资质分门
别类：上品进入后宫，有才艺者受训成为乐师舞娘，下
品充任宫女仆佣。到 16 世纪时，遴选宫中女子的程序
有些不同，只在京畿周围的清白之家中挑选。当代学者
黄仁宇写道，"选中区域和村中长老按分配给当地的比
例提名年轻女子，再经过多次的甄别与淘汰"，将入选
者送入宫门。有时多达 300 名女子一起被送入后宫。一
旦进入深宫，这些女子就再也见不到宫外的世界，除了

皇上和太监，确实也不会再见其他男人。[19]

理论上中国皇帝是绝对君主，实际上他的生活受到传统和习俗的重重约束，受到朝中大臣（忠实的儒学信徒）的监督。但在皇帝的生活中，后宫是臣子不能介入的领地。妃嫔是皇帝的私产，在后宫皇帝对嫔妃可以随心所欲。他能够，有时也确实同她们一起在池中裸浴。但如此嬉戏时皇帝易于遭到杀手的袭击。为了杜绝这种可能性，通到后宫所有宫室的门户都始终上锁把守。安全措施也使得另一做法成为必要，这在明清得到证实，不过很可能追溯到更久远的朝代。为了防止一种虽然可能却难以置信的意外，即某位妃嫔袭击皇上，应招侍寝的女子会被脱光包在被子里，由太监背入皇帝的寝宫。[20]

对于西方人，只有**内室**（harem）这个词才最好地描述了刚刚概括的中国社会生活，这个字起源于阿拉伯语，具有"受到保护的""不容侵犯的"和"神圣的"含义。女人被关在内室，不受外部世界的侵犯，但是当然对家主开放，供他使用。在伊斯兰教传播之前，阿拉伯女人享受颇多自由，但是此后她们日益与世隔绝。自从 15 世纪以来，在奥斯曼土耳其苏丹统治下，内室作为一个社会和政治机构获得了真正的重要性和权力。在伊斯坦布尔的宏大宫殿中，内室发展成自成一体的复杂世界。在苏莱曼大帝（1494—1566）统治时期，其内室有300名女人，在他孙子*治下，这个数字上升到1200。[21] 对于绝大多数居住者，整个内室是个严厉朴素而非奢华的所在。每个成员要尽忠职守，每人都隶属于一个宫室（oda），每宫专事一业，比如制咖啡、制衣、簿记。一个女子可能终身专攻一技，在等级结构中缓慢但稳定地一步步上升。一旦她引起苏丹的注意，如果真有这一天的话，她荣耀的时刻便来临了。自此之后她被"打上印记"，与其他女子不同，有自己的住所并被奴隶服侍。如果苏丹表示要这个幸运的女子侍寝，便会有人对她尽心尽力地手忙脚乱一通——好像她是一道珍馐美味那样进行准备。各个司局的头脑都被叫来帮忙。最先负责的是沐浴管事，监督她梳妆打扮，要按摩、洗发、洒香水、梳头。然后是刮体毛、染指甲，以及其他琐事。此后女子被交给内衣管事、长袍主妇、珍宝局头目等等，直到她终于为苏丹的床榻打扮就绪。[22]

如果苏丹临幸使她产下一子，此女子便升为妃子（kadin），未来有可能成为太后（valideh sultan），这是所有女子梦寐以求的最有权势的高位。另一方面，如果她未能生子，如果苏丹不再宠幸她，她会被剥夺物品

126

----

* 苏莱曼的孙子应指穆拉德三世（Muratill III），1574—1595年在位。

和特权，恢复内室工人的地位。虽然将内室定义为工场并不恰如其分，但是那里的绝大多数女子都忙于掌握某种技术，这有助于打发时间，获得成就，可能升至令人满意、受人尊敬的职位，以训练她人为业。然而一个女人最大的热望以及不间断的希望（在某个年龄之前）是能够卑微地爬到她主人的床上。[23] 当牺牲者将屈辱视为梦寐以求的希望时，屈辱达到痛彻心扉的深度。

在东南亚的穆斯林世界，不论对当地女人封闭住处的陈述何等认真，都有一种难以置信的韵味，似乎是出自《一千零一夜》的故事。我们知晓西方世界的女人也被隔离，但是很难以任何严肃的方式将她们同中国前现代的缠足女子以及穆斯林深闺和内室的女子相提并论。不过可以并已经将她们联系起来了，引人注目的是埃莉诺·佩伦依，她要我们思考"花和花园"这类无辜的诱人图画。[24] 是否这些图画和事物如此无辜？在西方世界以及其他地方，花代表美丽，但也具有某种无用的被动和轻浮之意。你像是一朵花（*Du bist wie eine Blume*）。这句话里的"你"当然指女人，这一类比意在恭维。当一个男人被如此类比会感觉受到侮辱。在苏丹宏伟宫殿的后宫里，年轻的黑人阉奴被赐以花朵之名，比如风信子、水仙、玫瑰和康乃馨。在中国，那包挤压的肉和碎裂的骨——小脚——被比作莲花。在欧洲，"像紫罗兰一样羞怯"以及"缠绕的藤"曾经是一种赞美。羞怯和依附是女人应有的举止。

封闭的花园很可爱，但是如果那里的同住者没有权利随意离开，它实际上是一座监狱。正如我们所知，极乐园（paradise）这个词源于波斯语的"花园"。围墙环绕的建筑确实是房主人的乐园：园中的一切——花卉、灌木、喷泉、异国动物和可爱的女人——都是为了他的享乐。只有房主人可以随意进出，其他同住者没有这种自由。在主要为女人设计的内部空间，不论我们想的是中国房屋的内院，严格实施深闺制度的印度闺房，还是穆斯林的内室，花具有不同程度的重要性。在西方世界，女性和男性的象征也同样清晰。一边可能是古罗马建筑的中庭或是长满花卉的封闭所在，这是女人的天地；另外一边是普林尼描述的远为宽阔的游乐花园，他指出这是为他本人和他的男性朋友而使用。他唯一提到的花是紫罗兰花圃，他也没有提到女人。在文艺复兴和后文艺复兴时期，女人的领地是树篱围绕的秘密花园（giardino segreto）；外面延伸着广阔严肃的规则空间——几乎见不到花——这里由男人设计，主要反映他们本人的伟岸和力量意识。

女人在自己受到庇护和花朵点缀的空间可以过一种舒适的，甚至奢华的生活。她们在自己的领地可能

127

行使不可辩驳的权威。虽然公共领地远在隔离她们的围墙之外，既然有能力运作自己的男人，女人也可能对那里施加影响。中世纪的欧洲贵妇们——我们在挂毯和插图上见到她们在花丛中刺绣或是弹奏齐特拉琴——可以夸耀的远远不止这些。依据当时行吟诗人的诗篇判断，她们能够激发男人绝对的忠诚。不论她们的愿望是如何异想天开，都被听从；不论她们的责难是何等毫无道理，都被默默接受。在 11 世纪，法国南部兴起了对一种高贵之爱的信奉，据此情人宣誓像封臣效忠领主那样效忠他的贵妇。于是情人成为这位贵妇的"臣子"。他称她 midons，意思是"我的主人"，而不是"我的贵妇"。那么谁是情人呢？这些为得到贵妇的眷顾而生存的男人是什么样的人呢？他们不是拥有城堡的领主，领主会将贵妇和她的女儿视为自己的财产。他们是封建领地中的一批男人，"较低的贵族、无地骑士、乡绅和小厮——同城堡外的农民相比足以洋洋自得，但是封建等级在贵妇和领主之下——用封建语言说，他们是贵妇的'臣子'"。[25] 城堡是个坚硬并缺少舒适的世界，因为无牵无挂的男人过剩，几乎所有对风度、美丽、文雅举止和美好生活的感觉都来自贵妇和她女儿们。城堡中的大多数男人都不能指望娶到这些女子；他们能够希望的是不正当的情爱和女性在场产生的些许优雅。领主夫人确实可以主宰比她社会地位低的男人。但是她同领主的关系如何呢？重要的是，在大约两百年间，男人们忙于十字军东征的集体蠢行，领主夫人实际上掌管在外领主的产业，为后者打理得井井有条。她占据了拥有权力、承担责任的位置。然而正如佩伦依所说："她生活在加固的墙垣后面，不难想象她的花园就像贞洁带，将她锁在里面直到她的领主和主人归来。"26

我们已经探讨了内室里的以及花园和城堡里的女人，现在我们着眼第三个形象，她同我们的时代比较接近，这是"玩偶之家"中的女人。虽然最后这个形象在 18 世纪就已经开始崛起，但后来在维多利亚时代的经济变化和道德虚伪中才成为更明确的焦点。花园是这个形象的一部分：在我们的想象中出现的，是房子的女主人戴着大宽边遮阳帽和园艺手套在为餐桌剪花。但是我们还想起了其他同样栩栩如生，甚至更生动的图画。首先是房子本身，自从 19 世纪中期，房屋具有了一种浪漫的，甚至嬉戏的色彩——一个虚构的例证是狄更斯的小说《远大前程》中描绘的老温米克先生那城堡一般的房屋，那里有壕沟、吊桥，还有日落时分的鸣枪礼。27 屋内有女佣打扫家具和凌乱的小摆设；房屋的女主人做着各种琐事，她写信，思考周六的晚餐菜单，读小说，涂抹几笔水彩画，在花园中闲逛（正如我们所见），或是同孩子玩耍。在整个白天这是个令人惊讶地与尘世隔绝的世界，只有女人和幼儿，是个令人惊讶的梦幻世界，这里的很多活动似乎更像游戏或家庭仪式，而不是出于生活必需，包括日复一日为无数毫无用处的小摆设扫尘上光。

"家，甜蜜的家。""没有比家更好的地方。"在19世纪初，这些情绪仍是新鲜的。大约在这个时期人们也普遍将家视为"避难所""避风港"和"退隐之地"。家是要塞——是老温米克先生城堡般的房屋——同陌生人的仇恨世界对峙，即拥挤的工业化城市。家也是个庇护之所——女人和孩子的纯净且不可侵犯的世界（我们还记得内室的含义是"神圣"或"不可侵犯"）——同充满竞争和冲突的男人商业世界对峙。

有财产的男人们——父亲和丈夫，如何看待他们的女性呢？不论女儿还是妻子，女人是守护天使，是从经济生活战场归来的男人的宽慰。她当然总是父亲的孩子。对于她的丈夫，她是"娃娃太太"（child-wife）。习俗规定丈夫要比妻子年长几年：单单站在他更年长、更有经验的角度，他也能对她居高临下。在获得选举权之前，妻子的法律地位实际上等同于未成年人。在1835年的新英格兰，"已婚女人不具备单独的法律身份：她不能诉讼、定契约，甚至不能独自执行一份遗嘱；当她使用丈夫的姓，她这个人、她的产业，以及她的工资都变成丈夫的"。[28] 娃娃太太十分调皮。她娱乐性地闲扯，驱散工作一天之后聚集在丈夫眉间的愁云。她也有属于本人的成就：会唱歌，会画水彩画，可以说几句法语。她的知识足以协助教育小孩，足以有风度地主持晚宴，但是不会太博学，不会威胁到她的"甜蜜"。她很纯洁。她的思绪总是充满爱，但令人惊讶的是她也像孩子那样善恶不分。她并不完全认同法律或是荣誉概念那冷漠客观的威严；她宁愿服从"心中的法律"。如果纯洁如孩童，女人如何能够成为性欲的对象？在日光下，女人的性感被仔细隐藏。当她离家外出购物或访客时，她的装扮如在深闺——戴宽檐帽、面网，穿一件不露肢体的裙服。但是在晚间，当出席正式的晚宴或是舞会，她会穿上挑逗性礼服，突出胸部，袒肩露臂。[29] 因此在某些情形下，男人可以带女人出门，展示她们不仅是有德行的母亲和太太，还是闪闪发光的占有品、装饰品，以及撩人的性对象。

此处的概括只对一个狭小的社会阶层真实无误。这是富有的资产阶级，有足够钱财雇几个住家佣人。在不够富裕的家庭，女人必须操持忙碌，才能使家处于体面的社会状态。在新英格兰，闲暇时间甚至更少。

直到 19 世纪下半叶，那里的中产阶级妇女还要从事诸如纺织、制蜡烛等家庭生产。显然她们无法扮演娃娃太太的角色。至于英国和欧洲大陆的贵族，比起受到更严格的道德观念以及家庭德行束缚的上层资产阶级姐妹们，贵族妇女在传统上享有更大的活动和举止自由。

易卜生在 1879 年发表剧本《玩偶之家》（*A Doll's House*），道出中上层资产阶级妇女是男人的娃娃太太和宠物的经典声明。[30] 我们可以使用易卜生的话和思想来重述，一个女人在感情的掩盖下受到支配并确实遭受屈辱意味着什么。在第一幕开场时引人注目的是丈夫和太太互相使用不同的称谓，太太简单地叫丈夫的名字托伐，而丈夫称呼太太"小鸟"，因为她可爱地叽叽喳喳说个不停，叫她"小松鼠"，因为她整日忙于琐事，叫她"小甜牙"，因为她向他保证不吃，却偷吃杏仁甜饼干，所以应该挨骂。妻子娜拉同三个小孩子兴高采烈地玩耍，他们之间似乎没有年龄差别。由于保姆承担了抚育和训练孩子的更严肃任务，娜拉的母性被压缩成客厅的玩闹嬉戏以及买圣诞节礼物。娜拉确实有种特殊才能，她会跳舞。当她和丈夫一起在卡普里岛时，她学会跳特兰特拉土风舞，丈夫希望她穿上那不勒斯乡间姑娘的服装在邻居家的晚会上表演这种舞蹈。他将炫耀她，她是个很称职的妻子，但也是个玩偶——一个跳舞的玩偶。这部戏的中心情节是娜拉为挽救丈夫的健康要将他送到疗养地，但是他们没有这笔钱。娜拉为借钱伪造父亲的签名签下一份借据。当事情被揭露后，她的丈夫完全不理解她的动机是因为爱他，虚伪地谴责她犯罪，谴责她无力认同契约合同和法律文字代表的冷漠客观的荣誉。娜拉终于意识到整整八年她并非同丈夫一起生活，而是在玩偶之家中同陌生人生活：*

托伐：你在这儿过的日子难道不快活？

娜拉：不快活。过去我以为快活，其实不快活。

托伐：什么！不快活！

娜拉：说不上快活，不过说说笑笑凑小热闹罢了。你一向待我很好。可是咱们的家只是一个玩儿的地方，从来不谈正经事。在这儿我是你的"泥娃娃老婆"，正像我在家里是我爸爸的"泥娃娃女儿"一样。我的孩子又是我的娃娃。你逗着我玩儿，我觉得有意思，正像我逗孩子们，孩子们也觉得有意思。托伐，这就是咱们的夫妻生活。[31]

---

* 以下译文引自《易卜生戏剧集》，北京：人民文学出版社，1958年。

娜拉的话点出本章的主题。

1 Nancy F. Cott, *The Bonds of Womanhood*: *"Woman's Sphere" in New England 1750–1835* (New Haven and London: Yale University Press, 1977), 47.

2 Jules Henry, *Jungle People*: *A Kaingang Tribe of the Highlands of Brazil* (J. J. Augustin, 1941), 18.

3 Lloyd deMause, "The Evolution of Childhood," in *The History of Childhood*, ed. Lloyd de Mause (New York: Harper Torchbook, 1975), 21.

4 同上书，第 31 页。

5 Hans Licht, *Sexual Life in ancient Greece* (London: Routledge and Kegan Paul, 1932), 438; Cora E. Lutz, "Musonius Rufus, 'The Roman Socrates,' " in Alfred R. Bellinger, ed., *Yale Classical Studies*, vol.10 (1947), 101; Pierre Crimal, *Love in Ancient Rome* (New York: Crown, 1967), 106–07; Suetonius, *The Twelve Caesars*, 131; Petronius, *The Satyricon*, trans. William Arrowsmith (New York: Mentor Books, 1960).

6 E. Soulie and E. de Barthelemy, eds., *Journal de Jean Heroard sur l'enfance et la jeunesse de Louis XIII, 1601–1610* (Paris: Firmin Didot Freres, 1868), 1: 34, 35, 45; Philippe Aries, *Centuries of Childhood* (New York: Vintage Books, 1965), 101.

7 Arles, *Centuries of Childhood*, 47, 130–131.

8 在新英格兰，"早在 18 世纪 60 年代学区就开始在夏季学期只雇用女老师，夏季学期专门为很幼小的孩童和较年长的女孩开设，他们不能参加冬季学期。"见 Cott, *Bonds of Womanhood*, 30。

9 Ariès, *Centuries of Childhood*, 103.

10 Philip E. Slater, *The Glory of Hera*: *Greek Mythology and the Greek Family* (Boston: Beacon Press, 1968), 30–31.

11 Erich Neumann, *The Great Mother*: *An Analysis of the Archetype* (Princeton: Princeton University Press, 1972), 148–49.

12 Peggy Reeves Sanday, *Female Power and Male Dominance*: *On the Origins of Sexual Inequality* (Cambridge: Cambridge University Press, 1981),

115.

13　J. J. Rousseau, "Sur la femme," *Oeuvres completes* (Paris: Hachette), 6: 28; 引自 Susan Moller Okin, *Women in Western Political Thought* (Princeton: Princeton University Press, 1979), 149。

14　Annette Kolodny, *The Lay of the Land: Metaphor as Experience and History in American Life and Letters* (Chapel Hill: University of North Carolina Press, 1975), 15.

15　有关女人说话往往直言不讳，缺乏男人之微妙的看法源于马达加斯加的梅林达部落 (Merinda tribe)。见 Michele Zimbalist Rosaldo, "A Theoretical Overview," in *Women, Culture, and Society*, ed. Michele Zimbalist Rosaldo and Louise Lamphere (Stanford: Stanford University press, 1974), 20。

16　Robert Hans van Gulik, *Sexual Life in Ancient China* (Leiden: E. J. Brill, 1961), 17.

17　引自上书，第224页。

18　同上书，第184页。

19　Ray Huang, *1587: A Year of No Significance: The Ming Dynasty in Decline* (New Haven and London: Yale University press, 1981), 28–29.

20　Gulik, *Sexual Life in Ancient China*, 189–90.

21　Barnette Miller, *Beyond the Sublime Gate: The Grand Seraglio of Stambul* (New Haven: Yale University Press, 1931), 96.

22　N. M. Penzer, *The Harêm: An account of the Institution as It Existed in the Palace of the Turkish Sultans with a History of the Grand Seraglio from the Foundation to the Present Time* (London: George G. Harrap, 1936), 179.

23　尽管玛丽·沃利·蒙太古夫人 (Lady Mary Worley Montagu) 否定这个习俗，认为只是神话，彭泽 (Penzer) 相信此说有几分事实依据。见上书。

24　Perényi, *Green Thoughts*, 259–70.

25　C. S. Lewis, *The Allegory of Love: A Study in Medieval Tradition* (London: Oxford University press, 1958), 12.

26　Perényi, *Green Thoughts*, 263.

27　见 Lewis Mumford on the "romantic suburb" in *The City in History: Its Origins, Its Transformations, and Its Prospects* (New York: Harcourt, Brace and World, 1961), 491。

28　Cott, *Bonds of Womanhood*, 5.

29　Quentin Bell, *On Human Finery*, rev. ed. (New York: Schocken Books, 1978) 142; 亦见 Richard Sennett, *The Fall of Public Man* (Cambridge: Cambridge University Press, 1977), 169。

30　在萨克雷（Thackeray）、狄更斯和迪斯累利（Disraeli）的小说中描述了其他特征。

31　Henrik Ibsen, "A Doll's House," in *Six Plays*, trans. Eva Le Gallienne（New York: Modern Library, 1953）, 76.

第八章

奴隶、侏儒和愚人

在任何复杂的大型社会，都不可避免由一个群体支 132
配另一群体。支配的程度不同，正如在不同群体之间划
分差别的鲜明程度也不同。以下述关系为证：**主人和奴
隶（或是仆人），领主和农民（或是农奴），婆罗门和
不可接触者，上层阶级和底层阶级。**当人类对自然拥有
了无可辩驳的权力，人对动物和植物的使用和剥削便不
再需要解释性神话。由于成人和儿童的不平等只是暂时
的，因此从来无需论证。男人对女人行使权力确实需要
解释性神话，男人传统上使用的理由求助生物学。若是
一个群体对另一群体的统治没有年龄或性别作为依据
呢？于是出现了其他神话，使双方接受不平等而且认为
这正确无误。

或许在这些神话中，最不寻常也最有效的神话是对
印度种姓制度的伦理宗教解释，这个制度已经不受严重
干扰地持续了大约 2300 年之久。种姓基于出身。种姓
制度表明每个群体分享一种彼此显著不同的基因继承，
因此这些群体应该具有不同的社会地位。如此说来，这
一观点显然属于种族主义，但是这种说法错误地表述了
印度教观念。印度教思想框架并不包括基因继承。贱民

（outcaste）或不可接触者继承的并非基因，而是前世生活的罪孽。因为这些罪孽他理所当然受到歧视，被分派去做令人不快的工作。在另一方面，种姓身份确实通过生物血统代代相传，往往能够依据身体外貌识别种姓差别。一般而言，低种姓成员比高种姓皮肤黑些。因此，虽然对种姓制度的正规论证基于宗教信仰，强调再生轮回和对前世的功过传承，种族主义和种族偏见可能确实是印度种姓意识的重要成分。

印度人对种姓的论证只适用于印度。在其他地方，远为普遍的是用身体外貌的差异以及认为与之相关的脑力差异作为支配和服从的理论依据。[1]肤色是一种清晰可辨的身体特征，所以往往用来将人划分成截然不同的社会等级，享有极为不同的权力。浅和深，或白和黑，构成两个极端。一个世界性的强大趋势是将积极正面的价值观归于"白"，将消极负面的归于"黑"。尤其在16世纪以来的欧洲，这种癖好发展成一套充分阐述的对立价值观：白和黑分别意味着纯洁和肮脏，童贞和原罪，德行和卑鄙，美丽和丑陋，行善和作恶，天主和魔鬼。欧洲人对非洲人的日益了解是依据旅行者和奴隶贩子歪曲的陈述，以及在欧洲见到的黑人仆佣和奴隶。白肤色本身成为高人一等的标志。有趣的是，在伊丽莎白担任女王的英国，这种强调极受重视。伊丽莎白本人有意助长"面色苍白"的美人形象。一次当女王进入都城，"她的异床并无遮挡，所以人们能够见到她，女王全身白衣，脸色如害病般惨白"。当她同苏格兰的玛丽女王争斗时，伊丽莎白认为肤色问题至关重要，于是询问玛丽女王的一位廷臣，她们二人谁更白皙。[2]

在西方文化中司空见惯的是将深肤色同动物性以及幼稚联系起来。深肤色的人几乎不是人类，应该套上轭具做工；或者如果年轻标致，可以成为异国宠物。深肤色的人永远是儿童，需要供给食物和衣物，受到管教训练，从事符合本人智力的体力劳动。下文还会进一步探讨这个著名主题，不过从更适当的角度来看，我们需要明了，基于外貌和肤色建立高贵与低贱、主宰和服从，这绝非仅仅西方文化独有的反常情形。其他文明和文化在不同程度上同样具有这一观念。为说明这个问题，我们来思考中非王国卢旺达在 20 世纪中期之前百来年间保持的社会等级制度。卢旺达居住着三个不同的族群：特瓦（Twa）、胡图（Hutu）和图茨（Tutsi）。特瓦人属于类俾格莫依人（pygmoid），* 从事狩猎和采集，或许是这个国家最早的居民。胡图人中等身材，是荷锄耕

134

---

* 类俾格莫依人在人类学上指比俾格米人稍高的人种，俾格米人并不是一个种族，而是源于古希腊人对非洲中部侏儒的称谓，泛指男性平均身高不足 1.5 米的族群，除了中非，他们也居住在东南亚。

种的农夫，大约同时或是比特瓦人稍晚出现在卢旺达。
图茨人苗条高大，肤色浅褐，以牧牛为生。在卢旺达的
等级结构中，图茨人构成贵族阶层，胡图人是平民，至
于特瓦人，"卢旺达的其他族群大多半开玩笑地说他们
更像猴子，而不是人"。除了身体区别，还有一种虽然
表述客观，但因老套的分类习惯而大为夸张的道德品行
差异，卢旺达人认为图茨人智力高，有指挥能力，优雅
残忍；胡图人勤恳，身体强壮，不太聪明，性格外向，
不谙世故，服从指挥；特瓦人同图茨人截然相反，他们
贪吃懒惰，但同时也被认为在打猎时勇敢无畏，忠于自
己的图茨主人。这些群体都相信差异是先天固有，而不
由养育和文化造成。作为社会最优秀的阶层，图茨人过
着悠闲的主子生活。比如当旅行时，他们可能躺在吊床
上，抬他们的是胡图或特瓦下属。对于劳力和侍奉，图
茨人回报恩惠和保护，然而由他们决定给予保护的多
寡。一个图茨王公可能决定关照下属的全部生活，将后
者视为孩童，他也可能只提供有限的庇护。下属则必须
做出低人一等的姿态，完全服从主人的意愿，摆脱这种
束缚的唯一途径是转投另一个主人。[3]

　　身体外貌的差异使得社会易于声明不平等的权力和
声望次序，然而它们绝非必不可少。当需要发现自己希
望支配的民族与生俱来的劣根性时，人类很少会不知所

措。古希腊罗马奴隶制的一个特点是被奴役阶级并无种族差异，然而亚里士多德已经准备好争论说，有些人天生就是奴隶。奴隶容忍自己属于他人的事实便为他们自己打上印记。天生的奴隶像家养的动物，他们有理智缺陷，需要受他人控制，并用身体为他人服务。同自由人相比，大自然确实赋予他们强健的身体，所以他们能够从事艰难必要的任务。[4] 在现代时期的一个例证是，尽管缺少可辨别的身体特征，英国人还是能够轻易将爱尔兰穷人视为劣等种族——肮脏、懒惰、不负责任，不过能够被训练成称职的仆人。当然，包括英国人在内的欧洲上等阶级习惯性地轻视本国的贫苦劳工——自己人中的“下等阶层”。18世纪的德国贵族自认为比下层德国人高贵如此之多，以至于他们甚至无法设想在天堂存在平等。[5] 由于营养和其他生活条件的巨大差异，在富人和穷人之间最终出现了身体外貌的明显不同。欧洲营养不良的穷人不仅身材较为矮小，而且肤色较深，尘土和阳光暴晒为他们上色。社会不公导致的这些特征又被食住无忧的人们利用，论证生来低劣者意料之中的发展。[6]

　　为何要支配他人？最普遍的原因是使用。任何复杂的社会都存在大量单调乏味或是艰苦甚至危险的工作，如果要维持这个社会就必须有人去做。通过强迫并进行意识形态灌输，使社会的一部分人从事令人不快的工作。不论他们的法律地位如何，被迫做工的人们被视为工具。照料他们是因为工具必须状况良好。老加图（Cato the Elder）* 就如何管理农庄对儿子提出建议，将生病的奴隶说成是没有生产效率和无用的负担。普鲁塔克说老加图"从未花费超过 1500 德拉马克买个奴隶，因为他不要貌美的，只要辛勤的工人；而且他认为当奴隶年老了就应该将他们处理掉，当他们没用了，就不要养他们了"。[7] 希腊和罗马奴隶主们认为，在房屋里如果没有奴隶们持续不断、小心翼翼地服侍，就很难想象如何过上体面的人类生活。有个希腊剧作家写了一部喜剧，力图设想一个没有奴隶的世界。他佯称只有当物品服从命令移动时，这样的世界才有可能。"只要一召唤，每个物品就会来到面前。桌子，立在我身边。那个东西，准备好。大壶，装满水。"[8]

奴隶是房屋陈设的一部分，就像屋顶、浴缸和墙壁那样属于房屋。有自尊心的人都不愿意住在设施不全的房屋里。然而人类器具不需要奴隶有法律地位；他们可以是仆人。试想一下维多利亚时代的上层阶级家庭。家

136

---

* 老加图（前 234—前 149）是罗马共和国时期的政治家、演说家、作家，代表作有《农业志》等，其曾孙（前 95—前 46）也是罗马共和国时期的政治家和演说家，史称小加图。

中仆佣成群，这些人维护府邸，满足这个家庭无计其数
的要求；但是正如设施和器具，他们以理想的方式隐而
不现。仆人同家庭隔开。他们有自己的工作区域和居住
区，通过后楼梯彼此来往。如果府邸的女主人偶然遇到
一个正在工作的园丁，园丁要尽可能迅速地避开；如果
她碰到一个女佣正在清洁家具，女佣会紧贴墙壁，尽力
使自己隐藏在木制墙板中。

奴隶和佣人主要因肌肉受到剥削，较少因为他们的
特殊技能和好容貌。正如我们提到，老加图并不在意其
奴隶的美学魅力，只注意他们完成任务的能力。但是当
加图宣布他对美色缺乏兴趣时，这表明其他购买者**确
实在意容貌**。好男色的男人们可能为了不道德目的购买
吸引人的男童。希腊人和罗马人可能都会买吸引人的女
奴，意在性交并把她们当妓女。[9]奴隶也因为智力出众
被人买走。所以罗马人买受过教育的希腊奴隶作为孩子
的监护人和家庭教师。同古希腊罗马的做法相比，近代
奴隶制（即1500年之后）几乎完全基于对劳力的需要。
在美国，宣布拍卖奴隶的招贴强调奴隶的年纪、健康和
体力，如果是女奴，或许还有她们"旺盛的生殖力"，
正如一份南方报纸如此道来。然而毋庸置疑，当其他方
面无差异时，貌美的奴隶比相貌平平的售价高。奴隶贩
子深谙此道，他们尽力改进自己商品的外表。就像偷奸

要滑的二手车贩子回拨汽车的里程表，出售奴隶的种植园主可能会拔掉较老奴隶的白发，或是用涂黑的刷子为他们染发。虐待留下的昔日印记被油脂覆盖，也可能把油脂涂在奴隶身上使之发光。有些卖者为展示的商品华丽包装，为女奴穿上合身的绸缎，为男奴隶穿上笔挺的套装。在旧南方，买主在确定购买之前，"通常要检查奴隶的身体。他打量他的牙齿、四肢和背部，触碰他的肌肉。买主往往极为放肆地触摸女奴"。有时奴隶被带到一个小院子里，脱光衣服仔细查验隐蔽的伤疤、梅毒的症状，如果是女奴则检查骨盆周围，估算她们潜在的生养能力。在拍卖日的狂欢节气氛中酒水飞溅，我们很容易想象粗鲁的玩笑、性嘲弄，以及对被出售奴隶的羞辱。10

这里我们关注蓄养奴隶的非经济方面。作为贵重的动产，购买和蓄养奴隶价值不菲，他们增加主人的声望。昔日旅行的王公贵胄必须有一长串奴隶和仆人随行，或许还要加上异国动物，这是为了给接待者以及民众留下应有的印象。诸如安条克四世（Antiochus IV）*等希腊化时期的国王，为了引起臣民的极端敬畏，他们组织的队列当中如果没有数千，也有数百名奴隶。当流

---

* 安条克四世是叙利亚塞琉古王朝国王（前215—前164年在位），他在公元前170年曾一度攻占托勒密王朝都城，迫使托勒密六世逃到罗马求援。

亡的埃及君主托勒密六世在仅仅四个奴隶的陪伴下到达罗马时，他颜面尽失。[11] 在富有的奴隶主阶层中，男奴和女奴是新娘陪嫁的一部分。例如据《后汉书》记载，当东京洛阳袁家嫁女时，新娘的陪嫁有奴婢百人，皆衣锦缎。[12]

对于奴隶主阶层，购买田庄奴隶是为了从事必要的工作，因此田庄的运作既节俭又牟利。但是另一方面，城市家庭的奴隶数目却经常远远超出效率和便利所需。正如现代的一家之主可能因为不留意的浪费和炫耀购买多余的机械物品，古代的一家之主也可能蓄养如此众多的奴隶，以至于不可能记住所有人的姓名职能，不得不任命一个仆人作为通报侍从（nomenclator），他的职责是储存记忆。[13] 因为仆从的数目是如此之多（塔西佗提到一个罗马的都市家庭有 400 名佣人），他们的职责通常高度分门别类。除了从事家里必须做的众多家务，其他人的存在是满足主人的礼节、尊严和奢华意识，比如司酒侍者、一般的艺人，尤其是使用受过教育的奴隶在主人和宾客们用餐时高声朗读。从事必要工作的奴隶很快就隐而不现，但服务于奢华需要和声望的奴隶保持所有贵重物品的能见度。他们很可能赢得主人的自豪和反复无常的感情。例如我们可以想象，一位罗马贵族对奴隶朗读者悦耳的声音深感自豪，谦逊地接受客人对

138

他奴隶的赞美，就像现代主人接受对他音响的赞美，因
为晚餐时音响里演奏的音乐抚慰人心。标致有才的奴隶
是奢侈品，但因为他们也是人，他们可能像宠物那样被
娇纵，也可能遭受性虐待。佩特罗尼乌斯所著《萨蒂利
孔》(The Satyricon)描述尼禄时代罗马城中一个可憎
的富有家庭，虽然作者为了效果有意夸张，然而他捕捉
到那种颓废享乐的氛围，家中貌美的奴隶——美丽的小
摆设——或被爱抚和强暴，或被作为礼品送到朋友家，
这由主人的情绪决定。[14]

　　沙俄在时间和地理上距离罗马帝国十分遥远。但是
在王公贵族家庭生活的组织，主人如何看待和对待他
们的仆役方面，二者存在一些引人注目的相似之处。在
18 世纪最后 25 年间，俄国农奴同古代奴隶相差无几。
当时农奴可以"像牛"那样被卖掉。在导师伏尔泰行善
的影响下，叶卡捷琳娜二世力图禁止拍卖场中拍卖人类
的场面，*但是未获成功，于是她允许这类买卖，不过禁
止拍卖人使用锤子。[15] 根据欧洲贵族的标准，俄国贵
族蓄养的家仆为数众多。一些圣彼得堡豪门的奴仆达到
150 到 200 名。1805 年到 1807 年间，一位英国访客得
以出入圣彼得堡和莫斯科一些顶尖的豪门贵族之家，他

---

* 叶卡捷琳娜二世是俄国女沙皇（1762—1796 年在位），赞成开明专制，
曾与法国启蒙思想家伏尔泰通信，直言希望得到他的教诲。

发现这些府邸中"挤满了家臣或者男男女女的仆人，他们身穿华丽的制服，排列在大厅、通道和各个房间的入口处。几乎每个前厅都站立着一些仆人，准备听从主人或是宾客的吩咐"。俄国贵族尤其为那些掌握不寻常技能的农奴感到自豪，他们满足了他的虚荣心。因此当客人恭维他"餐桌上摆放的糕点，猜测它们来自城里最时髦的糕点师，他可以漫不经心地回答，这是他的农奴糕点师做的"。俄国领主可能有自己的管弦乐队。彼得·克鲁泡特金记载说自己的父亲亚历山大亲王为他的管弦乐队深感自豪，尽管乐队的水平不够上乘，因为大部分乐手都从事其他家务，只是兼职演奏。然而亲王确实买了两名小提琴手，他们的唯一的工作就是拉琴。[16] 虽然有些农奴是贵重物品，但这种身份无法保证他们免受虐待。正如王公贵族在生气或是表示厌恶时，他会挥手将一整套昂贵的玻璃制品打碎在地，他也会反复无常地惩罚农奴，其中的女奴易于成为他纵欲的牺牲品。

在维多利亚时代的英国，虽然大贵族和大地主们没有农奴，但他们仆役成群是确切无疑的。仆役不仅履行需要的职能，也是奢侈名望的象征。下层仆役是宏大府邸隐而不现的机械部分；上等仆役——尤其是侍者（footmen）——是展示的对象，因为身高相貌出众被挑中。英国领主拥有人类材料中的精华——身高六英尺以上的男人，小个子则沦为"酒馆侍者、马夫、马倌，以及小旅店的服务生"。[17] 在最显赫的宅邸，主人将侍者按照身高匹配。他们可能成对直立在女主人摇晃的马车后面，身穿华丽的制服，有垫衬的长筒丝袜更显出双腿优美的曲线（图 19）。他们受训一致行动，正步行进到"一座伦敦宅邸的大门前，非常协调地敲打门上的双门环，然后齐步退回坐在马车里等候的女主人后面"。当克鲁泡特金家的八位成员进餐时，有 12 名男仆服侍他们，桌旁的每个人身后都站着一名。比起这一特定的过分之举，英国的怪诞之辈更为过分。我们得知威廉·贝克福德（William Beckford）* 下令准备供 12 名宾客享用的盛宴，有十多名侍者服侍，却只供他独自用餐。布里奇沃特伯爵八世以在他的巴黎豪宅中举办不同寻常的聚会著称，** 他也为 12 位宾客准备宴席，由侍者服侍，但客人却是他的爱犬。[18] 他身着精美制服的人类仆人们被用来服侍他同样衣饰奢华的动物宠物。对于地位显赫的伯爵而言，仆人和爱犬的地位大致相当，他可以随意摆弄二者。

　　宠物是一种缩小的存在，不论在象征意义还是文

---

* 贝克福德（1760—1844）是性格古怪的英国艺术爱好者，出身豪富，撰写哥特风格的小说，并因修建复兴哥特风格的方山庄园而广为人知。
** 布里奇沃特伯爵八世（1756—1829），全名弗朗西斯·亨利·埃杰顿，除了与犬共餐，还在遗嘱中留下资金组织学者论证自然神论。

图 19 一幅载于《笨拙》的漫画，表现一个庄重的维多利亚时代侍者腿上的衬垫出了问题。引自弗兰克·E.哈格特《下层生活》(Frank E. Huggett, *Life Below Stairs*), London: John Murray, 1977，第 24 页

字意义上都是如此。它满足的主要是主人的虚荣和愉悦，而非生存的基本需要。依据这种广泛的定义，那些一度塞满王公贵胄府邸的装饰性奴隶、农奴和仆役都是宠物。但是这个词也有比较狭隘的含义。宠物归个人所有，是可爱的动物，随主人兴之所至，或以它为乐，同它玩耍，或是丢在一边。人也能成为这样的宠物。为解释这一点，考虑一下从 16 到 19 世纪初英国黑人仆役的作用。他们的身份模糊不明。在法律意义上并非古代的那种奴隶，待遇却常常相似。他们同府里的非黑人佣人一样是佣人，但也是宠物——男女主人的私人心腹和附属物。

早在 1569 年，德比勋爵（Lord Derby）就有一个黑仆。自此之后，来自非洲的黑奴家仆在贵族府中日益重要。黑人最初的吸引力在于他们的异国风情和鲜为人知。文艺复兴时代的人们对所有难以置信的稀罕物件充满好奇，这种好奇心扩展到非洲人，他们是人，却同欧洲人如此不同。在伊丽莎白一世时代，居住在伦敦的黑人数目足以造成女王的担忧：当时食物供给不足，人们不时受到饥荒的威胁，她操心如何喂养不断增加的移民人口。但是女王的宫廷也使用非洲人：一个据称是弄臣，另一个是小厮。英王詹姆斯一世使雇佣非洲人成为时尚。他本人有黑人艺人组成的戏班，他的妻子、来自丹麦的安妮使用黑人仆役。复辟王朝时在伦敦街头常常可以见到黑人。到 17 世纪 80 年代，黑人成为伦敦生活和社会如此重要的部分，以至于所谓的时尚贵妇"总是携带两件必要的用具：一个黑人和一只小狗"。[19]

18 世纪的文献很好地记载了非洲仆役如何被视为珍品、装备和宠物。一个四肢匀称的黑人男孩会是送给上司夫人的好礼品。海军上将理查德·博斯克恩（Admiral Richard Boscawen）的下属从美国带回一个黑男孩，当礼物送给上将夫人。作坊、仓库和咖啡店公开出售黑人。首都和外省的报纸定期公告出售信息。比如一条广告宣称出售"一个标致的黑人男孩，大约九岁，四肢匀称"。众所周知伦敦有颇具规模的黑人仆役市场。因此在 1769 年，当俄国女沙皇想要"数名精心打造的上品黑男孩时"，她的代理人前往伦敦采购。[20]

作为异国装饰品和宠物，黑人男孩占据特殊位置。他们是贵族夫人和富有交际花宠爱的随从，因此能够进入起居室、卧室和戏院包厢，享有一种同女主人的亲密关系，其他男仆则不能形成这种亲密。正如对宠物狗和猴子，贵妇们逐渐对她们的黑男孩真心钟爱。有时费心教育他们——部分是为了检验非洲人的智力；当由于某些原因不便保留他们时，就尽力为他们找到其他有爱心的女主人。当时的艺术品也表明了黑

142

人的社会地位。当代绘画描绘主人的爱犬，受宠的非洲家仆也以同样方式现身画作。在霍加斯（Hogarth）*所绘《妓女生涯》(*The Harlot's Progress*)中，女主角由一个黑人男孩服侍；一个黑人孩子也出现在他名为《时尚婚姻》(*Marriage a la Mode*)的六幅系列画上。其他例证还包括戈弗雷·耐勒（Godfrey Kneller）的画作《奥蒙德公爵夫人》(*Duchess of Ormonde*)，约翰·佐法尼（Johann Zoffany）的《威廉·杨爵士的一家》(*The Family of Sir William Young*)，乔治·莫兰（George Morland）的作品《早期工业的成果》(*The Fruits of Early Industry*)，以及乔舒亚·雷诺兹爵士（Sir Joshua Reynolds）**用自己的黑人当模特，将黑人仆役画入几幅肖像：似乎他对人类肤色和肌理的强烈反差感觉兴趣。[21]这种处理并不局限于英国。范·戴克（Van Dyck）***在1634年创作肖像《洛林的亨利埃塔》(*Henrietta of Lorraine*)，画中的亨利埃塔由一个穿着异国服饰、脸孔丰圆的黑男孩服侍。夏依朗（F. O. Shyllon）指出，"理查德·斯特劳斯（Richard Strauss）的轻歌剧《玫瑰骑士》(*Der Rosenkavalier*)

---

* 霍加斯（1697—1764），英国著名画家，欧洲连环漫画的先驱，作品经常讽刺和嘲笑当时的政治和风俗，此后被称为霍加斯风格。
** 均为17世纪到19世纪初叶的著名英国画家。
*** 范·戴克（1599—1641），佛兰德斯派著名画家。

发生在玛利亚·特蕾莎统治初年的维也纳，1740 年特蕾莎宣布成为奥地利女大公，这位女统帅有个黑男孩当宠物。"[22]

　　贵族的年轻非洲家仆从一开始就衣着华丽。到 18 世纪，华美的制服成为黑仆的标记，同白佣人截然有别（图 20）。然而对于他们的真实身份，更说明问题的是有时黑仆会被要求戴项圈和挂锁。这种无人性时尚的流行程度足以使有生意头脑的工匠注意。例如一个金银匠在 1756 年《伦敦广告报》（*London Advertiser*）上宣称他能够为"黑人或狗打造银挂锁、项圈等"。黑人男孩是贵重物品，可能会戴上镶金镀银的项圈，上面刻着主家的盾形纹章和姓名字母缩写。或者可能刻着如下文字："我的女主人布罗姆菲尔德的黑人，家住林肯因场。"[23]

　　针对黑人的偏见各式各样，有一些更为粗鲁。最粗野的歧视将黑人视为愚蠢懒惰的次人类。不太严酷但更隐蔽的是习惯性赞扬黑人"忠诚并服从"，也会将他们的特点概括为幼稚或是像儿童，总是高兴地露齿而笑，天生被幻想和滑稽吸引。音乐天赋是非洲人公认具备的一种才能，表面上是对黑人的恭维。自从 17 世纪开始并延续整个 18 世纪，已经建立了认为非洲人能歌善舞的神话。有些人主张这种才能具有文化起源，其

143—144

图 20　公爵家的黑人仆人身穿红黑两色制服，因而与众不同。约翰·佐法尼《第三代里士满公爵携仆出猎图》(*Portrait of the Third Duke of Richmond out Shooting with his Servant*)，约 1765 年。弗吉尼亚，阿珀维尔，保罗·梅隆藏品 (Paul Mellon Collection, Upperville, Virginia)

他人认为这是天生的。造成这一神话的主要因素是常由白人扮演黑人的黑人剧团歌舞（minstrel show）。我们已经指出英王詹姆斯一世有黑艺人。但直到维多利亚女王时代的英国，白人和黑人一起表演的黑人歌舞才在英国所有阶层中广为流行。最终在英国人的头脑中，一张露齿而笑、载歌载舞的画面不可磨灭地同黑人男子联系在一起，他滑稽地头戴大礼帽，身穿色彩鲜艳的棉布衣服。全国各地都出售类似这幅图画的玩具，于是影响儿童的认知。由于这种陈规老套，很难严肃对待任何黑人。他被视为弄臣的典范，其存在是为了娱乐比他优秀的人。因此即使他有真正的天赋，其天赋也能变得导致屈尊俯就。[24]甚至在维多利亚时代的博学之士中也普遍流行着一种目空一切的态度，如同托马斯·卡莱尔竭力表达的那样。他严词谴责西印度群岛人在获得解放后的状况，然后接着说道："那么是否我仇视黑人呢？除非他失去了灵魂，我不恨黑人。我绝对喜爱穷苦的夸西（Quashee），*认为他是标致的男人类型。当他的灵魂没有被扼杀，买一便士润滑油，你就能够把夸西打扮成个英俊的、油光水滑的东西！一个快捷灵活的家伙；他快活地咧着嘴笑，载歌载

* 夸西指西非和西印度群岛的黑人。

舞，是一种充满爱的生物，在他的身体里充满旋律和顺从。"[25]

　　凭借他们的身体外貌、讨人喜欢的把戏和未成年人的才智，人类宠物提供娱乐。在欧洲，年轻的非洲家仆是女主人可爱的玩物，黑人开始被普遍视为表演艺人。让我们短暂地看一下中国，那里当然存在人类宠物，不过他们同主人种族相同。在中国，贵妇用男仆作为宠物会被认为有伤风化。有权势但放荡的女人无疑会将他们藏在自己的私室，但是这种行为受到社会的责难。常见的是府里的太太小姐将成群结队的年轻女佣视为宠物和玩物。大批十多岁甚至年龄更小的丫鬟随处可见，满足少爷少奶奶的舒适和需要。由于工作并不繁重，常有闲暇，且年轻受宠，她们有时会给自己惹麻烦。惩戒可能来得迅速严厉，包括挨鞭子。但是在另一方面，因为她们不仅是佣人，还是宠物，可能被轻易宽恕。在18世纪巨著《红楼梦》中，探春对赵姨娘解释说"那些小丫头子们原是些顽意儿"：*

　　那些小丫头子们原是些顽意儿，喜欢呢，和他玩玩笑笑；不喜欢，可以不理他就是了。便他不好了，也如

---

* 出自《红楼梦》第六十回。

同猫儿狗儿抓咬了一下子，可恕就恕；不恕时也只该叫
了管家媳妇们去说给她去责罚，何苦自己不尊重，大吆
小喝失了体统。[26]

　　人们可以溺爱宠物，但是也能以各种方式逗弄它、
羞辱它。我们现在来检验应用到人类奴隶和仆人身上的
这些不同方式。我们列举的例证不是对身体的虐待，而
是轻蔑——是虐待狂通过贬低他人获得的愉悦。那些沉
浸于这种虐待癖的人可能并未意识到自身的特征；可
能因为比较轻微而被忽略，所以似乎完全正常，甚至正
当。首先考虑一下姓名问题。人类尊严要求人有合适的
姓名，要求他或她被有礼貌地称呼。在古罗马，主人可
以随心所欲地称呼他的奴隶。在奴隶制的早期阶段，主
人通常用奴隶本人的名字加上后缀 por（小子），称呼
他的人类动产：例如马尔奇波尔（Marcipor）或是卢奇
波尔（Lucipor）。后来因为实际的迫切需要使用各种不
同的名字。成年仆役总是憎恨被加上"小子"（boy）这
个标签。在公元前 4 世纪的一出希腊戏剧中，一个家奴
抱怨说："还有什么被'小子，小子'地召去一个酒会
更可恶，而且叫你的人是个尚未长胡子的少年。"[27]世
界上傲慢自大的主人们显然认为这个羞辱弱者的简单语
言工具十分有用，因为一直到我们的时代，"小子"这

146

个词在数千年间始终通行。

给奴隶起荒诞无稽的名字显然是一种表示轻蔑的嬉戏方式。在殖民地以及在母国，被剥夺权力和教育的奴隶却无法摆脱诸如庞培（Pompey，或许最为普遍）、苏格拉底、加图和西庇阿（Scipio）这类响亮的古典名字；或者可能将他们叫做椋鸟、脂油、小以法莲、罗宾·约翰和奥赛罗。一位教士到密西西比州的一个种植园去为 40 个奴隶儿童施洗礼，当他为亚历山大大帝、杰克逊将军、沃尔特·斯科特（Walter Scott）、拿破仑、维多利亚女王、简·格雷夫人（Lady Jane Grey）、斯塔尔夫人（Madame de Stael）*等行圣礼时，他几乎忍俊不禁。有消息说这些名字来自种植园主姐妹的"快乐头脑"。参加仪式的所有白人宾客都开怀大笑。[28]

并不是只有奴隶以这种方式被剥夺独立存在和个性。在维多利亚时代的英国，主人往往用并非本人的名字称呼佣人。其中或许最广为人知的是"詹姆斯"，它成为第一侍者的称谓。主人可能要求一位受洗时凑巧起名朱丽叶的女仆改名玛莎或其他名字，因此更符合她的身份。在人口众多的中国传统家庭中，通常称呼丫鬟香

---

* 杰克逊将军是美国南北战期间最著名的南军将领；斯科特是英国 19 世纪初叶著名小说家；简·格雷（1537—1554）曾是英格兰女王，但因政治和宗教原因，在位仅仅数日，在世不足 20 年；斯塔尔夫人是 18 世纪到 19 世纪初年的法国文学家和评论家。

儿、蝶儿、婵儿、翡翠、莲花、福子和晚霞这类虚构的
宠物名字；称呼小厮有福、喜子、长乐、长生、发财。[29]
这些是动物或物件的名字，也表明令人愉快和向往，但
并不表明宏大高贵的品质。少奶奶可能真养一只蝴蝶
当宠物；她恰巧也叫她的贴身丫鬟"蝶儿"。少爷被教
导要当个严肃的士大夫，他可能居高临下地对他名叫有
福、长乐和长生的小厮微笑。

　　为取笑或是羞辱另一个人而叫他小子或是亚历山大
大帝，即一个极卑微的名字或相比此人的命运，显然是
无稽之谈的极为宏大的名字。同样的做法是让奴隶穿破
衣烂衫或是考究的制服。就如何打扮他们的人类动产，
美国旧南方的种植园主似乎左右为难。从经济考虑有人
主张衣不遮体，此外，认为黑人是物质存在、接近自然
状态的观念也赞成这种措施。农场奴隶衣衫褴褛，既不
能遮风挡雨，也无法挡住打量的目光。据说农场奴隶在
看到访客走近时跑开并藏起半裸的身体。相形之下，家
内奴隶穿戴体面。在乡村的大种植园或是城市宅邸中，
家内奴隶甚至可能衣饰华丽。另一方面，在一些好人
家有一种情形显然并不少见，就是让有些已经发育成熟
的奴隶男孩，在服侍用餐时只穿一件并不总是足以遮住
私处的衬衫。访客观察评论说，男女主人似乎认为他们
中间的半裸体十分理所当然。他们可以在社交上装作如

147

此，完全接受佣人只穿件罩衫是适宜装束这个事实。但是在潜意识中，或许甚至有意识地，他们必定注意到佣人的裸体状态；毕竟白人神话的一个重要部分是关于黑人的旺盛性欲。[30]

黑人常常遭到讥讽。以下是几个例证。可能不时要农场奴隶到豪宅去帮忙。他笨拙的举止不仅使女主人发笑，也使豪宅仆役快乐，后者远比他穿戴得体，更懂得文明生活的礼节。有些惩戒设计巧妙，迫使受罚者感觉全然无助和低人一等。肯尼斯·斯坦普（Kenneth Stampp）写道："一个马里兰州的烟草种植园主强迫他的奴隶吃下烟叶上他没能捉净的虫子。一个密西西比人要求试图逃跑的奴隶坐在桌旁，同白人家庭一起用晚饭，如此使他遭罪。一个路易斯安那州的种植园主羞辱不听话黑奴的办法是，叫他们做诸如洗衣服之类的'女人的工作'，穿女人的衣服，戴着红法兰绒帽子站在台架上展览自己。"[31]

任何自称独立个体的人必须对他或她的时空具有某种控制；此外其他人必须承认这种控制是此人的权利。动物宠物的生物学（biological）需要得到承认。例如对狗应该基本按照大致的时间间隔喂食，也必须允许它锻炼的空间。但是除了这些直接基于生物学的迫切需要，动物宠物没有权利拥有自己的时空。不论将奴隶视为驮马、家庭便利设施或是宠物，他的地位与动物类似。他没有自己的空间。在旧南方的种植园，奴隶不能拒绝白人男女主人进入自己的居住区或是小屋。住在豪宅的人们享受拜访黑人住处，参观贫民区的快乐，他们因而感觉高人一等甚至心地善良。"我们走进黑人居住区，在鲍勃大叔的小屋里非常快乐。"因此豪宅里的人们在这类远足之后可能会倾诉。有些家内奴隶完全没有隐私。不论白天还是夜间都可能要求他们服侍。他们同男女主人同住一室，通常像护卫犬那样睡在地板上，有时睡在自己的床上，如果男女主人分房而居，可能睡在男主人或女主人的床上。这些贴身佣人一般很年轻，但是也可能是性发育已成熟的少年或还要年长些。32

　　奴隶也无法自行安排时间。农场奴隶的工作钟点可能并不比他们的监工和白人农民长，但是奴隶无法掌握工作节奏和日程。好的主人允许奴隶工作间歇，可以休息或是去游泳，但他不会让奴隶感觉能控制自己的时间和劳动。豪宅奴隶甚至更糟。农场奴隶至少在太阳下山后可以回到他们的小屋，同自己的孩子玩耍或是在家里的小菜畦中消磨时间，但豪宅仆役没有公认的"下班时间"，他们可以得到更多更好的食物，却没有规定的、不受干扰的用餐时间，他们只能在有机会时抽空吃点儿。于是他们感觉总是在听候他人差遣。一种轻微但是持续的羞辱是当白人在场时，豪宅奴隶必须一直站着——摆出听候差遣的姿势。[33]

当一个人对他人拥有很大权力时，对权力的运用便趋于反复无常，在大多数情形下严酷，寥寥数次纵容，有时取笑。奴隶儿童可以解释这一点。弗里德里克·道格拉斯（Frederick Douglass）* 曾是马里兰州一个种植园的孩子，据他说开饭时"将装在大木盆的玉米糊或是放在厨房的地板上，或是放在屋外的地上，叫孩子们来……孩子们就像很多猪那样跑来，实在是狼吞虎咽——有的用个牡蛎壳，有的用一片木瓦，没有人用勺子"。[34] 与此形成鲜明反差的是在一个北卡罗来纳的种植园，按规矩每个周日的早上要为所有奴隶儿童洗澡更衣梳头，把他们领到豪宅里吃早饭，在那里他们接受男女主人的宠爱。一般而言奴隶主们像对待可爱的动物那样溺爱儿童。即使以严厉著称的主人似乎也喜欢他们的"小黑仔"和"小黑鬼"，愿意用小礼物溺爱他们，允许黑人孩子自由说话和行动，而这是他们拒绝自己孩子去做的。[35] 一个成人奴隶也可能具有宠物那种模棱两可的地位，获准有放肆行为。例如，"在查尔斯顿，有个

149

---

* 道格拉斯（1818—1895）曾是马里兰州的黑奴，逃离奴隶制获得自由后成为黑人政治家、废奴主义者，曾向林肯总统提出关于黑人的建议。

访客同女主人一起乘车，女主人叫车夫载他们沿着某条街走。但是车夫对她的求告充耳不闻，载他们走另一条路。佐治亚州一位种植园主的客人谈到另外一名车夫，他突然停下马车，报告说他丢失了一只白手套，必须返回去找。'由于时间紧迫，无计可施的主人脱下自己的手套交给车夫。于是我们双轮马车的驭手从容不迫地戴上手套，我们又开始行进。'"[36]

　　人们经常引用一类证据，用以表明在内战前南方种植园主能够对他的奴隶真心仁慈，即种植园主和他的妻子可能对诸如婚礼和舞会等奴隶的社交活动极为关切。这种关切可能包含真心诚意的体谅，男女主人真诚希望奴隶快乐。在另一方面，他们本人也得到乐趣。据肯尼斯·斯坦普所述，并非所有的乐趣全然无辜。斯坦普写道，"观看新娘和新郎笨手笨脚地完成婚礼仪式，听到一位庄重的牧师念错或是用错多音节字词，或是见证'适应新环境'引起的难以置信的张罗和周旋，白人家庭认为这是赏心乐事"。[37]种植园主可能会让他的奴隶放假一天，只是因为他们应该跳舞和烧烤，如此为一群来访的白人孩子提供一场精彩表演。奴隶的演出从未被视为高雅艺术，甚至从未被视为艺术，这是娱乐，就像在狂欢节和马戏团里见到的杂技艺人和表演动物的演出。

＊＊＊＊＊＊

这个世界的统治者们曾以各种方式剥削他们的人类臣民，但是与对植物和动物宠物的强制不同，他们总体上避免过分穷凶极恶，没有为特定目的力图系统性地繁衍人类。确实，一些王公贵胄或是他们的下属试图阉割无法自立的人，以便后者提供包括娱乐在内的某些服务，然而幸运的是，这类手段十分少见。重要的例外是阉割男人，这一习俗曾流行于世界上诸多彼此非常不同的地区。

自史前时期以来，割去强大有力的动物的生殖器就是一种驯化技术。自从古代就已经对人施以宫刑，这是一种与砍去手脚等酷刑并列的惩戒形式，最终是斩首。那么残害肢体主要是惩罚还是控制桀骜不驯者的手段？答案是二者兼而有之。在新大陆，逃奴或是表现出精神亢奋迹象的奴隶可能被阉割。下令进行这类惩罚以及习惯于将奴隶视为牲畜的奴隶主们无疑将阉割等同于他们在驯服公牛公马时自然采取的步骤。直至进入 18 世纪以后相当时期，宫刑仍持续是惩罚和驯服倔强奴隶的手段，不过到那时仅限于惩戒一种罪——强奸白人女子。这再度提醒我们一种延续数个世纪之久的，白人男人对黑人男人强烈性欲的恐惧和嫉妒。白人的神话将性功能

150

强健归因于黑人的种族特征，除非为白人服务生育更多的奴隶，否则必须予以遏制。[38]

惩罚和控制并非阉割的唯一原因。另一个原因是宗教。为了达到侍奉天母或天父的条件，男孩或是男人委身于阉割刀。基本思想似乎是这样的：由于被剥夺了性功能，于是个人能够将自身完全奉献给所有力量之源。在俗人的世界，这一源泉是专制君主。当专制主义同一夫多妻制结合，便出现了阉人，他是社会结构的必要机制。被剥夺了男性功能的阉人能够出入专制君主的内室，守卫他的女人。阉人不仅缺少性能力，也没有政治权力——只有直接来自专制君主的权力。但是因为阉人能够直达所有权力之源，他们中有些人可能权势滔天、广置家产。站在专制君主的立场，阉人的主要吸引力在于他们的忠诚和用途。他们的忠诚是绝对的，因为这些"变性"男人的安乐绝对依赖主人的宠信，因为尽管阉人有权有钱，却易于受到正常男女的轻视。阉割强化而不是削弱阉人的用途。由于阉人只能一心一意照主人的旨意办事，他们不仅应用于守卫内室的特殊目的，也用于国家事务。

波斯人为我们提供了有关阉割的最早历史记载：最初是阉割俘虏以便用他们守卫内室，记载也指出其他用途。根据色诺芬所述，波斯帝国的居鲁士大帝赞扬阉人的忠诚以及学习技能时的全心全意。与很多男人不同，居鲁士大帝并不将阉人视为弱者。

他根据其他动物的例子得出这个结论：例如当烈马被阉割后，它不再蹦蹦跳跳，却全然适合征战；阉过的公牛失去了一些狂躁和任性，却没有被剥夺做工的力量或能力……同样，被夺去这种欲望的男人变得更文雅，却对交付给他们的任务同样认真；他们并未成为资质差些的骑手、不太熟练的枪骑兵或是没有雄心的男人。与此相反，不论在战时还是狩猎时，他们的灵魂中都保持着争斗精神；阉人在主人落难时最好地证明了自己的忠诚，因为没有人比阉人在主人处于逆境时表现得更为忠勇……意识到这些事实后，居鲁士挑选阉人担任看门人以上的所有贴身职位。[39]

阉人在奥斯曼帝国和中华帝国十分盛行。虽然在生理上变成性无能，但有些人通过获得财富和政治影响得到补偿。在 16 和 17 世纪的奥斯曼帝国，宏大宫殿中用来看守内室的黑人阉奴达到 800 人。必须将这种规模的服务组织成官僚体制。正如官僚体制的特色，大多数职务卑微单调，比如守卫宫门。不过在年少时，所有被阉割的男子都享受一个时期的优待，得到一笔不菲的津贴和精美的丝质袍服。成年后他们知晓至少某些人能够受到苏丹的青睐，被擢拔到内室等级结构的顶端。其中一名最终成为黑人宦官统领（kislar agha），这是个权力很大的职位。智力和知识是获得职位的条件，但是获此高位的黑阉奴有可能是个愚昧粗鲁的家伙，除了诡计和逢迎别无长处。[40]

　　在中国，宦官可能早在周朝后期（大约公元前500至前300年）就在封建宫廷中服务。贯穿中华帝国的历史始终，他们在皇帝周围玩弄权术，发挥重要作用。宦官的作用在某些时期比其他时期更重要，不过在明朝后期最引人注目和无孔不入。例如在16世纪80年代，宫中使用近20000名太监，等级高低不一，上者相当于朝廷重臣，下者包括传旨太监和宫室仆役。有野心的父母将自己被阉的男孩送入宫中，在十岁之前进入宫廷的"内书堂"，受到翰林院渊博学士的教诲。因此有些人最终身居高位，不过"目不识丁的太监完全可能由于皇帝的恩宠而被擢升为近臣，成为御前的司礼太监"。宦官中地位最高的，例如秉笔太监等享受特权和尊重。有些人得到特赐蟒袍和飞鱼服、斗牛服，甚至可以坐在肩舆里被抬来抬去，由于是在皇城，这可谓达到殊荣之巅峰。然而与同他们共事的儒生臣子不同，阉人是皇帝的侍从，按照这个社会的理想化儒学观念，他们没有独立的权力基础和德行。设法敛聚财权的少数太监只应在皇城招摇。"他们所做的无人知晓；在政府结构中他们将永远是无人赞颂的主角。"[41]

我们还要指出阉割男人的另一原因，是为了产生歌手。正如由于美学原因击水跳跃、将草木扭曲、交配狗并修剪它的毛发，人类也因为这个目的阉割男童。历史上一个相当怪诞的讽刺是教会在阉割儿童中发挥的作用。教会的唱诗班要求高音歌手。虽然由男童充任，但是并不令人满意：正当他们学会了歌唱技巧却开始变声。或许可以用假声歌手替代，但是他们的嗓音有一种令人不快的音质，而且无论如何也不能达到女高音的高音域。虽然大自然赋予女人能力唱高音，圣保罗所授的权威却禁止她们在教会唱诗。

自从 15 世纪中叶，提供好嗓音成为更迫切的问题。唱诗班风格日益流行，这种精致的演唱要求超越迄今为止所有的嗓音技巧，因此唱诗班男童和假声歌手的努力显然无法胜任。对阉人歌手的需求日渐增加。只要自己的男孩表现出起码的音乐天赋，有野心但是贫穷的父母便力图满足这种需求。17 和 18 世纪是阉唱艺术的高峰时代，当时被阉割的男童进入音乐学院，与未动手术的同龄人一起接受长年训练。年轻的阉唱者被视为娇弱之辈，享受较好的食品和较暖和的房间。他们也穿截然有别的服装。然而这些人在学院的生活必定格外艰难。他们无疑受到同学们毫不怜悯的嘲弄，有些因此出逃，这是其他学生显然从未采取的做法。在成人的世界，功成名就的阉唱者得到财富和吹捧，但是阉人受到潜在的轻蔑，证据是即使表达了强烈的愿望，教会的规定也禁止他们结婚。

在18世纪的意大利，世俗歌剧极为流行；极有天赋的阉人歌唱家也同样受欢迎，尤其是不仅嗓音技巧高超还年轻英俊的。法拉内利（Farinelli，1705—1782）就是这样一位人物。他的职业生涯从始至终都很辉煌。他在意大利的主要城市、维也纳和伦敦演出，在任何地方喝彩声和不菲的报酬都接踵而至。他在年迈时有荣耀和尊严地寿终正寝。然而他的生活中有个著名的插曲，这解释了阉人歌唱家不论如何受人喜爱，他的身份却暧昧不明。在这个时期他放弃了歌剧院的喝彩声，为西班牙国王菲利普五世提供私人服务。当时西班牙国王被严重的忧郁症折磨，无法治愈。据说这个世界上能够为他提供些许纾解的东西屈指可数，其中之一是法拉内利不可思议的声音。因此在数年之间，法拉内利承担每晚为国王唱四首歌的职责，接受宫廷俸禄。他是宫廷的鸣禽，一个凡人的私人弄臣，对任何人而言这都是个卑贱的职位。另一方面，法拉内利确有天赋，受到人们衷心

的崇拜。而且他生性慷慨，这使他能够超脱在这个行当
遭受的卑鄙嫉妒。最后，法拉内利因出身贵族在阉唱者
中与众不同，这无疑有助于使他免遭同行艺人的嘲弄，
尤其在接受音乐训练的初期阶段。[42]

＊＊＊＊＊＊

人类宠物被自命高人一等的人视为无权无势，不是
完全的人，他们在某些方面有趣地独具特色。我们已
经指出孩子、女人、一些家奴、仆役和阉人符合这种
身份。我们现在来看人类宠物的另一类型——侏儒和愚
人。我们对侏儒可能提出的第一个问题十分吓人，即是
否这是有意为之？贯穿历史，人类力图通过缩小尺寸控
制自然。野外被微型化为盆景。在驯化的初期阶段，大
动物被变小，大型犬被变成小型犬。是否存在遏制人
类生长的努力，或是为了美学和娱乐价值而交配繁殖
袖珍人的行为？回答似乎是肯定的。例如希腊语有个词
gloottoloma，意指用来锁住小孩子的大箱子，目的是
使他们长成侏儒，能够提供一个有利可图的行当。朗吉
努斯（Longinus，大约公元 1 世纪）在题为《论崇高》
（*On the Sublime*）的论文中提到一种把人关在笼子里
阻碍他们生长的方法。有些罗马人为使儿童成为更可怜
能干的乞丐而将他们毁容，沦落至此的人们不会弃绝遏

154

制儿童生长的技术，以便他们长成侏儒后能设法进入娱乐业。罗马人使用的一种技术是膳食剥夺。他们认为不给孩子"硫酸钙"会导致佝偻病。[43] 是否古代人设法交配侏儒？很可能。我们的确知晓意大利文艺复兴时期的王公们做过这类尝试，但是结果往往不如人愿：侏儒的后代完全不见得是侏儒。

有关使用一个出奇矮小者的最早记载追溯到埃及第五王朝（大约公元前 2500 年），因为他能够"娱乐宫廷，使王满心欢喜"。服侍法老达德凯里-埃西（Dadkeri-Assi）的俾格米人可以在埃及南边一个叫普阿尼特（Puanit）的国家买到，埃及人将这个国家描述为"人生活之外的十盟"，说那里栖居着鬼怪和说话的大蛇。无疑对于法老及其宫廷，这个俾格米人的部分价值在于同他家乡有关的神秘氛围。依据墓碑石刻，除埃西之外，其他法老也喜欢由侏儒服侍左右，侏儒充任小丑，提供娱乐，不过其中几名可能被给予有职责的职位，比如管理宫廷的亚麻制品。[44]

将侏儒和愚人作为弄臣和宠物的习俗年代久远，重复发生。它只存在于某些文明和某些历史时期。侏儒和愚人遍布托勒密王朝的宫廷，但在希腊人的生活中作用甚微。在罗马帝国，百无聊赖的有钱人在家中蓄养智障和残疾奴隶，与其说是出于同情心，不如说因为这些人

155—156

可以分散注意力和逗乐。为了使罗马贵妇高兴，侏儒们赤身裸体或是满身珠宝地跑来跑去。亚历山大里亚的克莱门特*报道说娇生惯养的年轻小姐喜欢在餐桌旁同残疾小丑玩耍。玛西尔（Martial）描绘了一幅如何使用侏儒小丑的更荒唐的图画。"拉巴拉发现了如何当着丈夫的面亲吻她的情人。她不断亲吻她的侏儒愚人莫里欧；这个生物沾满了大吻特吻的口水，情人立即对莫里欧也狂吻一通，然后将他交回给笑眯眯的贵妇。"45

　　大约在1500年到1700年之间，侏儒在欧洲王公贵族心目中十分重要（图21）。以下事例表明可以轻率随意地对待他们，都表明由于某种原因，发育不足的人既美味又有趣——是宴席可能提供的食物的一部分。1580年卢克雷齐娅·博尔加（Lucrezia Borgia）**举办宴会，为了取悦贵妇淑女们，将莱达尔迪诺（Ledardino）和弗兰卡特里普（Francatripp）两个侏儒同水果一起端上来。杰弗里·赫德森（Jeffery Hudson）是个英俊的侏儒，他是英王查理一世和王后亨利埃塔·玛利亚（Henrietta Maria）的宠儿；有一次人们将他藏在一个

---

* 全名泰图斯·弗拉维乌斯·克莱门特（Titus Flavius Clements，约150—215），希腊化世界的基督教神学家和教会创立者。

** 疑为出身欧洲文艺复兴时期恶名昭著的博尔加家族，曾嫁给意大利公国费拉拉大公阿方索·艾斯特，这位历史上著名的卢克雷齐娅·博尔加生于1480年，在1519年去世。

　　图21　柯西莫，美第奇宫廷中的侏儒。由杨·凡·斯特雷特
（Jan van Straet）创作的雕版画，创作时间在1575年之后，引自
E. 蒂策-孔拉特《艺术作品中的侏儒与小丑》（E. Tietze-Conrat,
Dwarfs and Jesters in Art），London：Phaidon Press，1957，
图70

巨大馅饼的表皮下面送给王后。俄国宫廷落后一步，在18世纪时仍旧认为将人装入馅饼是聪明的娱乐：有一次两个巨大的馅饼被送上宴会桌，从里面出来一男一女两个侏儒，他们跳了一会儿舞蹈。[46]

我们已经指出，人们有时为奴隶宠物起荒诞无稽的名字；对侏儒愚人也同样如此。在文艺复兴时期的宫廷里，人们经常将侏儒愚人称为国王。英王伊丽莎白一世有个意大利小丑，她叫他君主，以嘲弄的方式解释说他是一位如此伟大的领主，因此不需要国土。菲利普四世将克里斯托巴尔·达·佩尔尼亚（Christobal da Pernia）称为"巴巴罗萨"（Barbarossa），名字来自那个海盗之王。* 在曼图瓦有个侏儒被叫作"长子"（primogenitus），他有权称王位继承人菲德里哥·贡扎伽（Federigo Gonzaga）为自己的弟弟。** 在米兰的宫廷里，侏儒和小丑的住处名为"巨人之屋"。摩尔人鲁多维科（Lodovico il Moro）将一个侏儒称为"阁下"（il signore）。众所周知这是苏丹穆罕默德二世的称谓。***

---

* 菲利普四世应指西班牙国王（1621—1665年在位），巴巴罗萨全名巴巴罗萨·海雷丁（Barbarossa Hayreddin），著名的海盗，协助奥斯曼帝国苏丹攻打西班牙舰队。

** 曼图瓦是当时的意大利公国，1519年菲德里哥继位成为曼图瓦大公。

*** 全名鲁多维科·斯福尔扎，因童年发肤皆黑，绰号摩尔人，15世纪末是米兰公国摄政。穆罕默德二世为奥斯曼帝国苏丹，攻陷君士坦丁堡，灭亡拜占庭帝国。

在 17 世纪，为数众多的杰出艺术家——包括鲁本斯、维拉斯奎兹和范·戴克——将侏儒画在一只狗或是一个猴子旁边（图 22）。侏儒、狗和猴子都是贵族王公或是贵妇豢养的兽群的一部分。正如我们所见，狗在当时是受到珍视的宠物，不过尚未达到维多利亚时代多愁善感的地步。至于猴子，它们的令人着迷之处是在伟大生物链条中的地位仅仅低于人类。这个时期的文献理所当然地认为，西非的黑人和当地的猴子是密切相关的物种，可以杂交繁殖。现在当艺术家把侏儒和猴子画在一起，他传递的信息是二者由于某种原因也应该联系在一起，虽然都与正常的人类非常相似，然而都是次人类。不过按照法定地位，侏儒被认为是完全的人，穿着同人一样，有时光彩夺目，会受洗成为基督徒，通常得到善待。在画中当侏儒和狗或猴子并列，男女主人的庇护之手总是放在动物的头上，而不是侏儒的头上。这是矛盾之举吗？可能吧，不过人类很少持之以恒。[47]

曼图瓦贡扎伽家族在 16 世纪的态度和行动说明侏儒的身份暧昧不明。这个家族将侏儒引进宫廷，并下令在自己的府邸中为他们建造小巧的套间，此举变得广为人知。侏儒像主人一样衣着华丽，镶金挂银。他们是府里享有特权的仆人，但是也以微妙的方式被归于被喂养兽群里的非人类成员之列。下述段落是历史

157

图 22　亨利埃塔·玛利亚王后和她的侏儒（杰弗里·赫德森），安东尼·范·戴克爵士绘。注意王后的手放在猴子身上而不是赫德森身上［华盛顿国家艺术馆，萨姆尔·克雷斯（Samuel H. Kress）藏品］

学家劳罗·马丁内斯（Lauro Martines）对文艺复兴生
活的陈述，指出这种暧昧不明："1515 年 11 月赴米兰
的威尼斯使臣经过曼图瓦，他们见到弗朗切斯科侯爵
（Marquis Francesco）因患梅毒不能行动，他躺在装潢
富丽的房间中的一张长榻上。他宠爱的侏儒穿着金丝织
锦缎侍奉他。三名小厮站在近旁，他的三只宠物灵猩也
在近旁，房间里还有一些被拴住的猎鹰；墙上悬挂着他
的爱犬和爱马的画像。"[48]

　　侏儒常常扮演傻瓜娱乐自己的主人。他们被称为侏
儒愚人。然而并非所有愚人都是侏儒。确实，愚人或小
丑可能完全身材正常，为了挣钱谋生假装智障。在古
代希腊罗马，这类人被称为"食客"（parasites），或是
丑角；他们从一地周游到另一地，兜售自己的技艺，并
不在一个主人家里定居。中世纪后期和文艺复兴时期
也有类似行当。小丑们在集市广场和居住区门厅里卖力
表演。尽管行为放肆，人们喜欢他们的大多数玩笑和戏
法，不过有些把戏是如此令人不快，因此作为惩罚，假
傻子被搞成了真正的愚人。

　　早在 12 世纪，人们就明确区分假扮的愚人和天生
的愚人。天生的愚人要么生来智障，要么是由于本人无
法控制的原因变成智障。这些人可以在王公富人家里找
到栖身之所和工作，被交给看守人照管，后者多半也负

责训练愚人，使愚人的言语行动能够表现出一种愚蠢的智慧。天生的愚人像侏儒那样似乎待遇不坏。其中有些确实成为优秀的宠物，他们的价值被如此推崇，以至于通过借贷或是公开作为礼物在王公贵族之间转手。依尼德·威尔斯福德（Enid Welsford）写道：

1498 年阿方索·德斯特（Alfonso d'Este）身染沉珂，他的姐姐伊莎贝拉（Isabella）* 用自己宠爱的愚人逗他开心。愚人的成功令人惊叹。阿方索用最热情的词句描述马泰罗（Matello），说后者使自己忘记了病情的严重。他对马泰罗的赞赏给人带来了不便，因为他不愿归还马泰罗，必须派遣使者才能将马泰罗领回。后来阿方索又病倒了。伊莎贝拉送去马泰罗和另一个小丑作为礼物。阿方索宣布说他欢迎他们，胜过欢迎一座美丽的城堡。[49]

愚人可以通过借贷和赠礼易手，而且在意大利和德国的王公中这确实十分普遍，这一事实表明不论愚人何等贵重，他们都是个人财产，可以像贵重物品和贵重动物等其他所有物那样处置。而且有些主人残忍而邪恶，

---

*　阿方索·德斯特是意大利费拉拉公国的统治者（1505—1534 年在位），他的姐姐伊莎贝拉·德斯特是上文提到的菲德里哥·贡扎伽的母亲，她曾担任儿子的摄政。

他们虐待自家的愚人，鼓励后者从事下流行为，后者混沌的头脑对这些行为并不充分明了。

　　为何王公贵族们认为残疾和痴呆好笑而不是可悲，令人宽慰而不是感受威胁？虽然王公贵族和侏儒愚人生活的物质环境相距咫尺，但是确实存在社交距离造成的缓冲，它似乎恰恰足以提供使王公贵族称心如意的慈善感，其中夹杂着娱乐：如果再近一点儿，贵人们会认为残疾令人痛苦，如果再远一点，他们会失去引起行善的冲动和娱乐的同情感。蓄养一两个弱智者、一两个侏儒作为宫廷中同情的对象，作为小可爱和玩物，虽然按照现代比较乏味的品位标准来看十分荒诞无稽，但还是可以理解。使我们难以理解的是，在几个王公贵族的宅邸中，这样的弄臣成群结队。1566年维塔利红衣主教在罗马举办宴会，担任侍者的足足有34个侏儒。在17世纪的巴黎，朗布耶先生和夫人因家中豢养的傻子为数众多而广为人知。据称他们挑选佣人时不看工作效率，却看为人处世的悖理程度。尽管当时的贵族有能力欣赏拉辛（Racine）或费奈隆（Fenelon）*的精妙，他们也欣赏粗鲁的幽默和残忍的恶作剧。在18世纪的俄国，彼得大帝养着很多愚人：吃饭时聚在大厅里的可能不下百

160

----

* 　拉辛（1639—1699），法国17世纪著名剧作家；费奈隆（1651—1715），法国作家。

人。宫中也有同样众多的侏儒，将他们结为夫妻以便保
证还有下一代侏儒。沙皇本人出席了一场侏儒的婚礼，
庆典的高潮是舞会，皇家成员围坐在大厅四周，以便毫
无阻碍地观看侏儒们的宴席和滑稽的嬉戏。当仪式和娱
乐结束后，新婚夫妇被运送到沙皇的宫殿，在沙皇本人
的卧室里圆房。

然而彼得大帝宫廷中的很多愚人根本不是弱智者，他
们是正常人，听命扮演傻子，这是一种格外羞辱人的惩罚
形式。沙皇的计划是送男青年出国受教育，但是如果他们
未能以沙皇认为适宜的方式从经历中获益，回国后便成为
宫廷愚人。俄国女沙皇安娜（1730—1740）也表现出同
样的趣味。她有权对任何人这样做，甚至贵族也不例外。
1739 年，她举办一场盛典庆祝她的宫廷愚人娶一个声名
狼藉的女人。为强调此事的荒诞无稽，她请来俄罗斯帝国
境内各个种族的客人，让他们乘坐各种动物拉的雪橇，命
他们跳不同民族的舞蹈。整个事件的中心在于这个宫廷愚
人其实心智健全。他是个中年贵族，因为在宗教问题上反
对女皇而被迫扮演这个令人羞辱的角色。[50]

161

******

"某某人是个傻子！"在生气时我们都会说出这种判
断，完全知道如此说的唯一作用就是使自己感觉舒服

些。然而昔日的专制君主有权强迫他们的受害者遵从这
个名称。他们宣布的一切在表面上都变得真实无误。

1　Philip Mason, *Patterns of Dominance* (London: Oxford University Press, 1971); Barrington Moore, Jr., *Injustice: The Social Basis of Obedience and Revolt* (New York: M. E. Sharpe, 1978).

2　W. C. Curry, *The Middle English Ideal of Personal Beauty* (Baltimore: J. H. Furst, 1916); J. E. Neale, *Queen Elizabeth I* (Harmondsworth, Middlesex: Penguin Books, 1961), 42.

3　Jacues J. Maquet, *The Premise of Inequality in Ruanda: A Study of Political Relations in a Central African Kingdom* (London: Oxford University Press, 1961).

4　*The Politics of Aristotle*, bk. I, chap.5, trans. Ernest Barker (London: Oxford University Press, 1958), 13-14.

5　W. H. Bruford, *Germany in the Eighteenth Century: The Social background of the Literary Revival* (Cambridge: Cambridge University Press, 1939), 58.

6　"当寇松总督在印度见到洗浴的英军士兵时，奇怪为何穷人会有如此白的皮肤。"见 Philip Mason, *Prospero's Magic: Some Thoughts on Class and Race* (London: Oxford University Press, 1962), 1。

7　Marcus Porcius Cato, *On Agriculture*, trans. W. D. Hooper and H. B. Ash (London: Heinemann, 1934), 9; *Plutarch's Lives*, trans. John Dryden and revised by Arthur Hugh Clough (New York: Modern Library, n. d.), 414.

8　Crates (5th century B.C.) in *The Beasts*. 引自 Thomas Wiedemann, *Greek and Roman Slavery* (Baltimore: Johns Hopkins University Press, 1981), 87-88。

9　Hans Licht, *Sexual Life in Ancient Greece*; William L. Westermann, *The Slave System of Greek and Roman Antiquity* (Philadelphia: American Philosophical Society, 1955), 118.

10　Leslie Howard Owens, *This Species of Property: Slave Life and Culture in the Old South* (New York: Oxford University Press, 1976), 186-90.

11　Wiedemann, *Greek and Roman Slavery*, 78-79.

12　杨联陞:《东汉的豪族》(Yang Lien-sheng, "Great Families of Eastern Han"), in *Chinese Social History*, 孙任以都 (E-Tu Zen Sun) 编, 德范克 (John

DeFrancis）译（Washington，D. C.：American Council of Learned Societies，1956），115。

13　*The Natural History of Pliny*，bk.33，chap.6，trans. John Bostock and H. T. Riley（London：Henry G. Bohn，1858），6：81。

14　Petronius，*The Satyricon.*

15　Jerome Blum，*Lord and Peasant in Russia：From the Ninth to the Nineteenth Century*（Princeton：Princeton University Press，1971），424。

16　同上书，第456—457页；Kropotkin，*Memoirs of a Revolutionist*，28−29。

17　詹姆斯·费尼莫尔·库柏（James Fenimore Cooper）在伦敦时的观察评论，引自 Frank E. Huggett，*Life Below Stairs：Domestic Servants in England from Victorian Times*（London：John Murray，1977），27。

18　Huggett，*Life Below Stairs*，13。

19　James Walvin，*Black and White：The Negro and English Society 1555−1945*（London：Allen Lane The Penguin Press，1973），7−11。

20　J. Jean Hecht，"Continental and Colonial Servants in Eighteenth-Century England，"*Smith College Studies in History*，40，（1954）：34，37；Walvin，*Black and White*，48。

21　Hecht，"Continental and Colonial Servants，"36n。

22　F. O. Shyllon，*Black Slaves in Britain*（London：Oxford University Press，1974），11。

23　同上书，第9页。

24　Douglas A. Lorimer，*Color，Class and the Victorians*（Leicester：Leicester University Press，1978），86−89。

25　Thomas Carlyle，"The Nigger Question，1849，"in *Critical and Miscellaneous Essays*（London：Chapman and Hall，1837−66），4：357−58。

26　《红楼梦》（*The Story of the Stone*），vol.3，"The Warning Voice，"157。

27　*Natural History of Pliny*，81；Wiedemann，*Greek and Roman Slavery*，34，80。

28　Walvin，*Black and White*，66；J. H. Ingraham，ed.，*The Sunny South；or The Southerner at Home*（1860；reprint，New York：Negro Universities Press，1968），69−70；亦见 Orlando Patterson，*Slavery and Social Death*（Cambridge：Harvard University Press，1982），54−58。

29　见曹雪芹《红楼梦》中丫头小厮的名字。

30　Winthrop D. Jordan，*White Over Black：American Attitudes Toward the Negro 1550−1812*（Chapel Hill：University of North Carolina Press，1968），161−62。

31　Kenneth M. Stampp, *The Peculiar Institution: Slavery in the Anti-Bellum South* (New York: Knopf, 1956), 172.

32　Eugene D. Genovese, *Roll, Jordan, Roll: The World the Slaves Made* (New York: Pantheon Books, 1974), 336.

33　同上书，第 61、332、334 页。

34　Frederick Douglass, *My bondage and My Freedom* (1855; reprint, New York: Arno Press and The New York Times, 1968), 132–33.

35　Genovese, *Roll, Jordan, Roll*, 512–13.

36　Stampp, *Peculiar Institution*, 326–27.

37　同上书，第 329 页。

38　Jordan, *White Over Black*, 154–56.

39　Xenophon, *Cyropaedia* 7.5. 60–65, trans. W. Miller, vol.2 (1914), The Loeb Classical Library.

40　N. M. Panzer, *The Harêm* (London: Harrap, 1936), 132–33.

41　黄仁宇:《万历十五年》(*1587: A Year of No Significance*), 13, 19–21。

42　Sacheverell Sitwell, *Southern Baroque Revisited* (London: Weidenfeld and Nicolson, 1967), 224–39; Angus Heriot, *The Castrati in Opera* (London: Secker and Warburg, 1956).

43　E. Tietze-Conrat, *Dwarfs and Jesters in Art* (London: Phaidon Press, 1957), 7, 14; Leslie Fiedler, *Freaks: Myths and Images of the Secret Self* (New York: Simon and Schuster, 1978), 50–51.

44　Tietze-Conrat, *Dwarfs, and Jesters*, 9.

45　Enid Welsford, *The Fool: His Social and Literary History* (London: Faber and Faber, n. d.), 59–60.

46　同上书，第 135 页; Tietze-Conrat, *Dwarfs and Jesters*, 80。

47　Tietze-Conrat, *Dwarfs and Jesters*.

48　Martines, *Power and Imagination*, 231.

49　Welsford, *The Fool*, 132–33.

50　Welsford, *The Fool*, 182–83.

第九章

支配与感情：结论

宠物为人所见，十分珍贵。与此相反，"人手"或 162
人力和资源（只要丰沛）难以察觉，价值不高。因此，
当人类不假思索地砍光伐净了整个森林，可能会保留几
根珍贵的树枝，放在盆里模仿森林并供人观赏。当人类
毫无愧疚地为衣食屠杀了动物，几种样本和物种却在人
们想戏耍时投其所好，变成被娇纵的宠物或是热心养
护的目标。作为"人手"和奴隶，人类的整体被无所顾
忌地剥削，不过有些被收养成为宠物，得到反复无常的
关注。

注意力具有高度选择性并赋予对象价值。什么促使
人去注意？这一行动可能被欲望激发，比如种植园主注
意他标致的奴隶。也可能由于一种美学品位，再加上
因为这一品位所具备的声望：例如园艺师喜欢自己的盆
景，狗主人喜欢他的纯种犬，18世纪的欧洲贵妇喜欢
她的中国仆役。注意力可能是真实感情的结果，是强者
对弱者，地位高者对地位低者流露的温暖的保护之爱：
因此父母爱他们幼小的孩子，女主人日益钟爱她的贴身
女仆，男人变得眷恋他的狗，自豪的头脑庇护身体。

宠物是贴身随从的一部分。它们在身体和感情上贴

近主人。它们可能无足轻重，但它们绝不会长时间离开主人的头脑。同宠物的关系是亲密。亲密意味着什么？身体亲密的姿态可能表达平等和兄弟之谊：这是两个朋友勾肩搭背的画面。在另一方面，更经常而且（我认为）更深切地，这种姿态意味着不平等：想象母亲抱着她的孩子，女骑手轻拍她坐骑的背部，或是想一下骑士和他的跟班，男人和他的小厮这类历史纽带。亲密在现代不再流行。现代妇女可能仍旧同她的狗很亲，让它睡在自己的床脚，但是却没有女佣受她庇护，即使她有，女佣也不再睡在女主人床上，而直到 18 世纪在欧洲却还是如此。现代人可能声称同自然——同荒野——亲密无间。但只是因为野兽和森林已不再具有威胁性，可能才有在荒野中的舒适感。虽然荒野还没有变得像园林，当然更不是盆景那样的宠物，然而现代社会已经广泛感觉它是一种脆弱的存在，需要社会的关爱和保护。

平等将某种距离视为当然——这是两个独立个体之间尊敬的距离。朋友之间很少能有夫妻之间那种亲密，这不仅因为绝大多数社会维持着男女不平等的状态，而且由于住在一起的夫妻会遇到一方需要并接受另一方照顾（比如生病时）的种种情形，于是引进了暂时不平等的纽带并培养感情。现代民主社会谴责成人之间的不平等关系。人们如此非议庇护和依赖，以至于感觉生病也令人苦恼，因为疾病使一人处于另一人的权威之下。只有当遏制了尊敬才可能亲密，而亲密产生感情——正如常言道，也产生轻蔑。这种感情和屈尊俯就（难道不也稍带轻蔑吗）的混合是对宠物的典型态度。现代社会对永久的依赖状态侧目而视，于是削弱了感情联系，但同时也减少了在权势和无权之间发展施虐和受虐性变态（sadomasochistic）纽带的机会。

在亲密和不平等的关系中，如何将感情同嘲弄嬉戏区分，将庇护同屈尊俯就区分，或是将残忍同爱区分？这些问题的关键是游戏（*play*）这个词。游戏是儿童的基本活动。儿童通过游戏学习掌握世界。在一个游戏的世界里，幻想轻易成为现实。通过摆弄他身边的东西，儿童获得信心和权力意识。棍子和石头，玩具兵和玩具熊，小猫和狗崽都是他的臣民，适应他的想象，服从他的指挥。当布娃娃或是狗崽变得不听话，可以处罚它。这种支配他者的权力——包括使他者遭受痛苦和羞辱的权力——模糊地令人愉快。但同时存在深刻的依恋。孩子依恋他的玩具，仿佛它们是自己的外延。它们是他的所有物；它们的价值反映他的价值；对它们的夸奖等于对他的夸奖。当然其中也有真正的感情。在与玩具和小动物的不平等关系中，儿童能够发展保护和养育的感觉——这些感觉中交织着他的高人一等和权力意识。

164

在成人的世界，游戏往往必须让位于必需。仍旧有时间游戏，但是环境要受到限制，对奔放的想象要有所约束。在猎人和采集者的原始社会，母亲同孩子游戏，孩子就跟所有地方的孩子一样，同包括小动物在内的所有手边的东西游戏。成年人也可能养育动物，将它们视为玩物。一个例证是澳大利亚的一些原住民部落，这些部落驯化狗有几个动机，其中包括实用性。但是他们也喂养其他仅仅作为宠物的动物。为了偶尔的娱乐，他们将沙袋鼠、负鼠、袋狸、老鼠甚至青蛙以及幼小的鸟儿拴在营地里。这些动物受到随意的喂养和照管，因此大部分很快就死掉了。[1] 在猎人和采集者的平等、简单的社会，成年人可以将动物视为宠物；他们却不能将彼此视为宠物。可能存在一种戏弄关系，这类戏弄暗示需要支配——将他人变成被要笑的笨拙对象。但是戏弄者也会受到戏弄，因为这是平等者之间的游戏，没有建立永久的上级和下属秩序。[2]

往往载歌载舞的仪式和庆典是很多农业和非农业原始社会的重要活动。然而这些活动并非游戏。活动中可能存在快活甚至滑稽的瞬间，但是根本目的是严肃的，是通过确保风调雨顺和收获而维持这个世界。在仪式中，参与者感觉他们的举动被并非本人制定的规则约束。他们所作的是必要的，并非无节制地宣告权力和意愿。在前现代的发达文化中，仪式和庆典达到辉煌的巅峰。因为即使在发达文化中也不能确保食物供给，人们的生计所依赖的自然进程必须通过仪式以及物质和技术手段来保证。不过发达文化通常能够支持一个精英阶层，此阶层的成员享受多余的资源和权力，能够自由地用于游戏。换言之，精英阶层拥有相当于儿童的地位，他们用手中支配的财富和权力满足突发奇想和心血来潮。

精英阶层的顶端是君主，他希望自己统治的帝国在各个方面都服从自己的希望和意愿。就理想而言，王国像宇宙那样安然威严地运转：国家中的万物在统治者指挥之下围绕王权运行，正如天体围绕北极星或太阳。在现实中，甚至最有权势的君主也无法在王国中创造接近自己梦想的丰饶和服从的秩序。因此他只能渴望建构一个规模大为缩小的梦幻世界。这类梦幻世界被称为艺术品或游乐园。不论现在我们选择如何称呼，它们满足了王公贵族的渴望，能够在实际和心理层面确保奢华，拥有权力，受人服从，并享受带有性色彩的愉悦——能够同地球上标致的生物自由自在地（多少不负责任地）游戏。

这些游乐园实际上是什么样的？宫苑楼阁代表一种类型。东方的专制君主无法按照自己的品位改变整个帝国，他至少能够按照自己的喜好修建一座宫殿，为满足自己的需要和心血来潮在宫中装满各种东西；在太监协助下，他目力可见的一切都由他直接统治，而太监是他的创造物。另外一类游乐园是剧院。正如斯蒂芬·奥格尔（Stephen Orgel）指出，皇家奇观是一种替代物，取代了文艺复兴时期的欧洲王公们无法得到的完美王国。只有在奢华的假面剧和表演中，王公们才能相信自己拥有绝对的权力，相信自己生活在一个井井有条的宇宙的中心，这里所有人和自然界本身服从他们的愿望。[3] 不过或许这些游乐园中最为普遍的是园林。我们已经指出，有些园林的建造挥霍无度，园中挤满为主人享乐的山水鸟兽，园子的主人在这里飘飘欲仙。

我们再来看一下公元607年为隋炀帝修建的西苑。园林陈设如何呢？皇帝征发徭役达百万之众，聚土石为山，凿池为五湖四海，诏天下境内所有鸟兽草木，运至京城，不仅有花卉草药，还有参天茂树，不仅有游鱼鸣蛙，还有"金猿碧鹿"，此外宫院重叠，妃嫔成群。据史书记载，各院"皆择宫中嫔丽谨厚有容色美人实之，每一院，选帝常幸御者为之首"。[4] 当然，其他文化和时代的宏大园林可能在一切细微末节上都同隋炀帝的不同。不过不论欧洲式还是东方式的所有园林，都标志着某位自傲之人对真实世界的渴望，这里的一切都符合他的想象，岩石、水流、草木、家丁或女仆都服从他的意愿，迎合他的快乐。在园林范围内基本摆脱了自然和社会的约束：园林的主人是臣民环绕的君主，是玩具环绕的孩童。

宫阙、剧场和花园是有权有钱人的游乐园。需要指出三者往往彼此交织，都是理想化的半虚幻世界的组成部分。所以宫阙之内有花园，而且宫阙可能就建在大花园里；在中国以及文艺复兴和巴洛克时代的欧洲，宫阙和园林都以提供戏剧和音乐表演空间为人所知。还要指出的是，宫阙不仅是个游乐园，王侯住在那里，佣人也在那里工作。反过来说，所有属于有权有钱者的宏大宅邸都不仅是个住所，它也是主人及其家庭的理想化世界和某种游乐园。权力和游戏的证据是什么？有什么自然物被改变、被驯化，并往往被缩小尺寸，以便成为宏大宅邸中适宜的装饰、玩具和宠物？在不同时代和不同地方的答案当然不同。在1700年之前的欧洲，宏大宅邸的厅堂往往空空荡荡，只有几件家具，没什么装饰和小摆设。在这样的宅邸中，或许最重要的玩物都是活的——大批佣人和食客，或许个把侏儒或愚人；大小不一，品种不同的狗，以及猴子和异国鸟禽。在1700年之后，房间日益堆放着无生命的财物，不仅有家具，还

有小摆设和墙壁上的装饰品。自然也被接纳——起初是
风景画和区县地图，到了19世纪是繁茂的盆栽。动物
宠物的数量和种类有所下降。剩下的是几条训练有素
的灵猥，一两条女主人宠爱的哈巴狗。屋内仆役可能仍
旧人数众多，不过大多仅仅是像机器般运转的宅邸的
部件，绝非宠物。除了"难以觉察"的仆人，还有穿制
服的侍者。他们的穿着以及宣布晚餐时的仪式性举止引
人注目，但侍者受训在其他场合站立在不显眼的地方，
无声无息，以机器般的准确性等待着满足雇主的每个
愿望。[5]

* * * * * *

支配与感情的心理学包含暧昧不明和自相矛盾。我
们在以上章节中已经提到这些，不过现在我们能够进行
综述并提出一些普遍性结论。为了愉悦以及美学和象征
性原因盘剥自然的人们很少意识到他们在伤害草木和动
物，将草木扭曲成不应有的形状，强迫动物作出不合天
性的举止。与此不同，为牟利或愉悦目的盘剥其他人的
人感觉良心不安。主人对自己高人一等和有权有势的地
位并不完全心安理得。他们需要某种论证。第一类是文
化（culture）和自然（nature）的区别，或是头脑同身
体的区别。文化和头脑有权主宰自然和身体。归入自然

和身体范畴的不仅包括植物和动物，还有儿童、女人、奴隶和下层阶级成员，尤其是如果他们的肤色或其他身体特征与主人不同。支配通常采取直接盘剥的形式。当人们采取居高临下的戏耍形式，所表达的观念是女人、奴隶、愚人和黑人天真幼稚，很像动物，性欲旺盛。有权力的男人们妄自尊大地以拥有头脑和文化自诩，感觉在自己周围聚集品种较低级——更接近自然——的人令人愉快，他们可以将手溺爱地放在这些人的头顶。

　　但是文化与优越的联系，以及自然与卑微的联系既不明确也不固定。比如文化可能等同于柔弱、轻浮或是颓废；自然等同于男人的力量，往往既建设也毁灭。文化可以是无关紧要的活动的标签——维护身体的养生活动，以及类似孩子气游戏的创造行动。与此相反，自然是一种既能毁灭，也能创造世界的不可抗拒的力量。此时主人充任自然的角色，在高傲的距离之外庇护文化，偶然出席教会义卖或是观看芭蕾舞。他们认为自己是真正的创造者，其他人——尤其是女人以及从事与女人的世界密切相关职业的男人——是改进者或装饰者。依据主人的观点，（如此感受的）文化是一种闪闪发光的玩物，由主人随心所欲地拿来娱乐自己。

　　应该注意，女人也能自认为承担优越的自然的角色，将文化的卑微地位分配给男人。这样的女人是一种

168

自然力量，虽然有时毁灭，但更经常创造。在根本层次她们创造并维持生命和世界，孩童在她们脚边玩玩具或是玩攻城略地的游戏；依据这种女人的观点，男人是永远长不大的男孩，他们从未超脱对自己的制造物和猎物的幼稚自豪。需要不断炫耀能做之事和能造之物的男人是自吹自擂但可爱的宠物，不过需要不时给一句尖刻的反驳或是摆出瞠目结舌之态，使他们严守规矩。

权力是战胜反抗的能力。虽然战胜反抗具有乐趣，但是必须重复不断地战胜的反抗会减损权力的尊严。这或许是解释王公贵族对有机自然的态度极其暧昧不明的理由。草木、动物和人类臣民似乎都有自己的意愿。权力的快乐是使这些意愿服从自身的意愿。不能允许草木顺应天性生长，在园林里按照人类的美学理想修剪它们。此外正如第三章和第四章所示，微小的变动并不总是足以令人满意。历史上在欧洲和东方人类不仅修剪植物，而且古怪地扭曲植物并遏制它们的生长，好像园林设计师陶醉于权力，希望知晓本人能够在多大程度上将活物变成人工制品。被扭曲和遏制的草木仍旧生长，直到变成无机物，它们的服从并不完全。对无机物令人奇怪的渴望表现为迫使植物长成砖墙石柱状，用五颜六色的卵石和颜料取代花坛里的灌木花卉，制作矿物材质的树木花朵。

植物起码扎根一地。动物却活蹦乱跳，控制起来远为困难。可以把它们关在洞里或笼子里，但是这些纯粹的物质手段意味着承认失败。在中世纪和文艺复兴时代的园林意象中，除了鸟很少见到动物。中国园林以鸟和鱼为耀，不过除了在皇家猎苑，鲜见大型动物。为加强有动物生命的幻觉，园艺师将树篱剪成动物形状，将石头雕刻成兽群，将木头制成野兽，（在中国）堆砌风吹日侵的岩石，它们同野生动物群和鬼怪有相似之处。一些欧洲花园有机巧的机械动物，比如艾斯特庄园里鸣唱的鸟儿和猫头鹰，以及吕纳维尔那座精心设计的如画花园（悬崖）中的机械家畜。这些玩具可能损毁，不过它们并不抗拒人类的意愿，能够让人类以其他方式令人满意地行使对动物的权力。通过技巧和运用毕竟能够彻底驯服动物。甚至能将狮子变成顺从的宠物，服从指挥"下跪"。此外人们能够通过交配繁殖，使动物具有他们希望的体形和特征。这类努力的成功使人类对生命具有一种类似造物主的权力意识。人们运用并滥用这一权力。我们已经见到育种师如何培育出眼目肿胀的金鱼以及基因缺陷的狗，还有奇丑无比的狗，比如沙皮犬的皮肤起皱折叠，像是没有整理的床铺（图23）。

最后是人类宠物，在所有宠物中他们最难控制和训练。尽管存在明显的身体外貌差异，但人类彼此仍旧过

图 23　福恩二世是只一岁的中国沙皮犬，它在加州佩塔卢马举办的丑狗竞赛（1981 年 8 月）中一举夺冠。裁判们投它的票，因为它看来就像一张没有整理的床铺，"根据所有标准都是丑中之最"。韦恩·豪厄尔绘

于相似，因此一个群体无法轻易并心安理得地支配另一群体。如何使被支配者变得显而易见地低人一等，以便为永久的庇护作出辩护？通过产生畸形的躯体和智障，自然本身做到了这一点。罗马的王公贵族和文艺复兴时期的欧洲王族在这些人身上发现了现成的乐趣；而且从过去和现在怪胎展览都十分流行来判断，侏儒和愚人具有一种普遍的吸引力，超越特定阶级的变态品位。

为何怪胎得到王公贵族的庇护，一个原因是他们的非自然性质似乎令人着迷，不仅惊人地背离自然常态，也像怪诞的人工制品那样，似乎是一种放纵残忍的想象的产物。王公贵族自认为是自由完整的人，他们将自己的愚人和侏儒看作残缺受限的存在，像是注定如此的动物和人工制品。所有人类宠物都有这种局限性。例如为了狭隘的目的，人们接受手术变成宦官和阉唱者，就此而言他们是人工制品。我们已经指出在大贵族和上层阶级的府邸中，佣人的人类潜力被减缩为一两种特定的工作，例如司酒侍者、晚餐桌旁的吟诗人、装饰性的高雅侍者，以及（中古中国的）兰花画家、齐特拉琴演奏者、训练昆虫者、模仿动物鸣叫者，还有逗乐的猜谜人。[6] 受到如此局限的人们几乎不再是人类，无怪乎王公贵族有时无视他们的完全人性，像对待其他珍贵藏品那样，将他们作为奇巧物件和礼物换来换去。此外还要

171

指出，身穿制服、毫无表情的面孔和僵直的站姿，以及行进时训练有素、半军事半芭蕾舞的步态，都有助于强调珍贵的仆人具有人工制品和提线木偶的特性。

草木轻而易举就成为宠物。它们具有观赏性，易于维护，除了枯萎并不反抗。它们对主人索取甚微，却使主人感觉到自己的权力和德行——使某物生长的权力和关照某物的德行。动物较难成为宠物，不过在很大程度上取决于它们的大小和性情。比如说金鱼，无需带它去散步或是去看宠物医生。它们的世界就是一个鱼缸，像盆景那样被局促地束缚。金鱼像植物，可以被用于纯粹的装饰，放在餐桌上的一堆剪下的花朵旁。在现代富足的西方社会，狗和猫能够也确实对主人索求甚多，不仅要付出时间和金钱，而且还需要付出注意力和个人关照。有时可以说主人们是在被自己的宠物驯化和奴役，为了保持宠物的健康和快乐，他们要做的事情是如此之多。但是虽然主人的服务具有献身精神并值得赞扬，却也强调了动物彻头彻尾的依赖性。此外，只要主人可以随心所欲地弯下腰，轻拍狗或猫的头，或是从上到下抚摸它们的毛皮，这种优越者对依附者的支配关系便毋庸置疑。这是感情的姿态。由优越者给予依附者，从来不会用于平等者之间。

人类是棘手的宠物。虽然通过思想灌输结合物质力

量的威胁，可以教人接受自己的特定身份，但是从主人
的立场看，这种做法从来无法保障成功。人类宠物总是
可以拒绝爱并反叛；他们也能够以巧妙的方式为自己敛
聚权力和财富。所有这些路径都对他们开放，因为与
受剥削的种植园奴隶或工厂工人不同，宠物的定义是贵
重物品，不论主人如何居高临下或反复无常，都要关注
宠物。在主人和贴身奴隶之间存在一种身体接触和关
心的亲密，比主人同家仆之间的关系更密切，比资本主
义社会的雇主同工人之间的关系更是远为密切。如果愿
意的话，人类宠物可以为本人的利益富有技巧地利用这
种亲密。例如在父权制社会，有权势的男人可能出于本
人的享乐和威望娶妾或豢养女奴。然而历史中充斥这些
女人的故事，讲其中一些尽管身份卑微，却设法支配她
们的主人，集聚了巨大的财富和影响。另一个人尽皆知
的例证来自宦官的历史。虽然为了守护王公的女人，他
们被屈辱地剥夺了完整的男性，有些宦官却能够利用自
己的身份——包括在正式场合的无权无势——悖论式地
成为位高权重之人，除了无法独立，他们拥有王公贵族
的一切属性和特权。第三个例证可能是旧南方的黑人保
姆。类似于一切有特权的下属，她的权力基础在于进入
权势者私密柔软的世界，并与之亲密。黑人保姆抚养了
女主人的孩子，用无法割裂的感情纽带将他们同自己绑

172

在一起。她不仅是孩子和女主人的心腹，有时甚至受到男主人的宠信。她权威的象征是鞭子，当她的意愿受到抵制，她不仅用鞭子抽打黑人，也对付白人仆从。当她义愤填膺的瞬间，男女主人可能也难逃她的斥责。[7] 但是只有当她的忠诚无可置疑时，她才拥有这些特权。妃嫔、宦官和黑人保姆即使并不如此感觉，也都必定表现出完全的献身。此外他们知晓（正如他们周围的人知晓），他们的地位完全仰仗同至高无上的权力之源的亲密关系。

******

支配是此书的主题。当接近书的末尾，我们需要简短讨论支配的反面——依附和服从——即普遍并似乎轻易地接受宠物身份，如此才能完成这幅图画。接受的问题对于草木并不存在，对于人类却已迫在眉睫；我们现在改问人类屈服的原因。为何屈服？首要原因是力量的差异。思考一下自然和人之间力量的差异。直到近代之前，世界上绝大多数人都感受到自然的压倒性力量。在不同时代和不同文化中，人谦卑地认为自己是"孩子"，自然是"父母"。自然是务必不能对抗的至高无上的力量。它为人提供生计，但也往往含混不明地实施惩罚。不论何种情形，人类选择相信自然表现出父母般的关切，因此人的义务是对关切报以尊重和爱。[8]人类对自然之支配和自身之无助的感觉是如此完全彻底，因此他们往往否认可以采取的能动性。无视在眼前延伸的种种证据——田野、村庄以及（就古代文明而言）宏伟壮丽的城市，人喜欢贬低自身作为现实创造者和影响者的作用。毕竟只有通过掌握自然，才能让文明崛起。引人注目的是，过去人们曾持续不断地认为应该否认这个事实。人们偶尔夸耀进步和对自然的征服，但是并不常见。更为四处蔓延的是恐惧，恐惧冒犯神明，恐惧自然用饥荒和瘟疫进行报复，恐惧生活在一个不受外部强加界线约束的世界。近代之前，屈服于自然、接受一种永久的童年状态哪怕在发达文明中都是寻常姿态。

　　在微观尺度上，父母和孩子之间存在权力的极大差异。就人类而言，童年的依赖格外漫长，童年是宠物时期。父母和其他成年人同小孩玩耍，好像他们是山羊羔、小猫、狗崽，或是由人穿衣脱衣的布娃娃。孩子必须受到特殊技能的训练，当掌握技能时受到夸奖。当孩子表现"好"时，通常因为"精于"某事，轻拍他们的头。孩子学会更加重视自己能做什么，学会更加重视自己能从事和发挥的或多或少专门的任务和作用，而不是自己身为何人。当因为自己做的事情获得成人的赞许，孩子会很高兴。而且他们理所当然尊敬成年人，从成人寻求保护、指导和感情。

在等级社会里，低阶层成员被视为永远的未成年人，终身受人左右和庇护。精英们接受并表明父权主义是天然秩序，因此理所当然由一些人统治，只要统治是仁慈的，同样自然的是其他人服从——并不是勉强服从，而是像孝顺的孩子对自己父母那样的服从。既然事实是绝大部分人都体验过服从自然和人类的父母，所以不难理解为何这一社会秩序的父权主义模式似乎合情合理，尤其当这一秩序不可避免受到无法抵制的力量支持时。我们确实知晓在极为广泛不同的社会历史背景下，人们接受这一模式：例如想一下中国的县令（父母官）和他管辖的百姓，封建领主和他的封臣，牧羊人主教和他的羊群教民，旧南方的种植园主和他的一大家子，德国工厂主和他的工人们，等等。[9]

社会中存在权力不平等的情况，被支配成员接受自己的身份仅仅是技能或物件，这可以由人们的称谓看出来。在欧洲，对贵族的称谓是头衔加上他的领地（比如贝德福德公爵和德·朗布耶侯爵），对平民的称谓通常是他受洗的名字，可能会改成宠物名，有时也称呼他的行业，例如吉姆·贝克尔（Jim Baker）。* 头衔和领地定义一个

---

* 英文 baker 意为面包师。

领主的权力：有些头衔和领地会意味着更大权力。这是领主受限的范围。此外他是自由的——他就是他，他无需用一类工作进一步定义本人。与此不同，平民依附于某类工作赋予他的身份。他以技艺为傲。他是面包师，他制作物件，他本人也是一种物件——是制作精良之物的精良工具。他的主人赞扬他并非因为他是某人，而是因为他学会了一种手艺，因此变成了某人（或物件）。

诗人威廉·巴特勒·叶芝写道："绝不会有一个小伙子，被你耳边那浓密美妙的蜂蜜色壁垒，抛入了绝望境地，爱你只是为你本人，而不为你金黄色发丝。"[*]实际上"只为本人"被爱的思想是一种高度自我主义、浪漫主义和抽象的思想，在任何社会都不会流行。绝大多数人满足于因为本人可能具有的品质或技艺受到欣赏。被归类为耳边有可爱的壁垒或是有趣的猜谜人，虽然这确实意味着对于此人能成为怎样的人以及能做什么，他/她受到严格的局限，但是实际上反对的人寥寥无几。受到关注就使人受益。至于因为什么相对无关紧要。绝大多数人——我们大多数——并不反对自己是"物件"，只要此物受人赞美。此外，作为一个价值由外部确定、并不取决于内部奋斗的物件令人感到舒适。

---

[*]　译文引自傅浩译《叶芝诗集》，上海：上海译文出版社，2018年。

消极无为是人类体验的组成部分，可能牢固地存在于我们生存的精神核心。在历史上人类面对自然不得不消极无为；然后，当多少打破了自然的禁锢后，人面对社会的权势又必须消极无为。此外，每一个人都曾是孩童，曾听从父母的提议和规束。不论作为集体还是个人，人类绝非总是感觉消极状态是负担，是压迫的产物。黄金时代毕竟存在于过去，当自然的统治之手十分仁慈；或是当教士兼王侯虽然强势，却提供了安全；或是当父母支配的同时也关爱。回顾往昔，由于有安全感和消极无为相伴，孩童、未成年人甚至宠物的身份也能具有某种吸引力。就个人体验而言，甚至一个"震撼世界的人"也渴望在他生活的边缘部分受到支配，不论如何醉心于生命和活动，所有人仍旧欢迎夜幕降临，以及昏昏然入睡的愉悦。

由于自然占据支配地位的历史漫长，所以人类学会在屈服的姿态中发现优点，这并不令人惊讶。既然在整个历史上，暴君间歇性使自己的同胞陷入对死亡和毁灭的恐惧，陷入对奴役和苦役的恐惧，因此可以理解，为何某个暴君家中的宠物、玩物或是装饰品的身份似乎可以忍受，甚至令人向往。顺从中有甜蜜，被支配中有愉悦，尤其是随支配而来的是同权势者的亲密和有形的奖励，包括权势者表露感情的姿态。

＊＊＊＊＊＊

虽然消极无为既必要又令人向往，但是支配的能力更为必要和令人渴望，因为这是生命力的重要标志。所有地方的儿童都以先后摆弄无生命的玩具和小爬虫开始自己的权力生涯。因为生病或年迈而变得虚弱的成人可能先通过摆弄植物重获生命感；当状况获得改善后摆弄驯顺的动物，接受更大的挑战。在这类情形中，游戏理想地将支配混合感情，将控制混合抚育关爱。然而，在实际情况中，当孩童成长起来从事更高阶段的活动，当成年病人多少恢复了自己的权力意识，承担了命令其他人的更困难任务，玩具便被毁坏，动物便被阉割、丢弃或死去。

176

人类同自然的关系很少是纯粹的。不论我们是为了经济、游戏或是美学目的对待草木和动物，我们都是在**使用**它们；我们照料它们并非出于它们本身的益处，除非是在寓言故事里。至于我们同他人的关系，在任何等级社会，某种程度的剥削都不可避免。在所有文明中，甚至当创造诸如游乐花园这类似乎无害的文化制造品时，剥削都可能极为严酷。行使权力本身令人愉悦；或许这是为何剥削如此无处不在的原因之一。然而当使用权力将他人贬低为宠物的身份时，这里存在一种特别的性虐待式的愉悦。儿童能够对玩具士兵和布娃娃颐指气使，好像它们是真人，而王公贵族像对待毛绒玩具那样摆布真人，因此感觉满足。

在人类关系中，滥用权力并非不可避免。例如父母或老师可能确实力图控制孩子，但目的是为了他／她能够成长并成功。朋友可能运用支配的权力为彼此营造"共鸣的空间"——引用罗兰·巴特的用语。在每种情况下，捐助者献出了美德，至少抛开了暂时的空虚感；与此同时，接受者获得了广阔的新生活。所发生的是一种如此罕见的行动，以至于逃脱了社会科学粗疏的观察网络，这就是如同创造性地关注或如同爱的权力。

1 Zeuner, *History of Domesticated Animals*, 39.
2 Colin M. Turnbull, *The Forest People: A Study of the Pygmies of the Congo* (Garden City, N. Y.: Anchor Books, 1962), 113.
3 Stephen Orgel, *The Illusion of Power: Political Theater in the English Renaissance* (Berkeley and Los Angeles: University of California Press, 1975).
4 《隋炀帝海山记》，载《唐宋传奇志》(*Collection of Fictional Works of the T'ang and Sung Dynasties*), Alexander Soper 译，见 Kuck, *World of the Japanese Garden*, 19-20。
5 段义孚, *Segmented Worlds and Self: Group Life and Individual Consciousness* (Minneapolis: University of Minnesota Press, 1982), 52-85。
6 Gernet, *Daily Life in China*, 93.
7 Genovese, *Roll, Jordan, Roll*, 355-57.
8 段义孚, "Geopiety: A Theme in Man's Attachment to Nature and to Place," in *Geographies of the Mind*, ed. David Lowenthal and Martyn J. Bowden (New York: Oxford University Press, 1967), 11-39。
9 有关德国工厂工人是如何驯顺，见 Moore, *Injustice*, 258-59。

索　引

A

Affection 感情: distinguished from
other feelings 有别于其他感觉情
绪, 1-2, 5; pastoralists for their
stock 牧人对他们的牲畜, 91-
92; for dogs 对狗, 109-14; for
children 对儿童, 115, 116, 118-
19; and inequality 不平等, 162-64

Alexander the Great（356-323 B.C.）
亚历山大大帝（前 356—前 323）:
his pets Bucephalus and Peritas 他
的爱马比赛孚勒斯和爱犬佩里达
斯, 112-13

Animal deities 动物神明, 70-72.

Animals in the garden 花园里的动
物: of rock and wood 石雕和木刻
的, 33, 34, 55, 56, 86, 87, 169,
mechanical 机械的, 46-47, 67,
169; made of plants 植物造型的,
53, 57, 62-63; stuffed 填充的, 85

Artificial plants 人造草木: medieval
European 中世纪欧洲的, 52-
53; Chinese 中国的, 66; Islamic,
Persian, and Byzantine 伊斯兰教
波斯和拜占庭帝国的, 66-67, 72;
modern home and city 现代家庭和
城市的, 67-68

B

Bacon, Francis（1561-1626）弗朗
西斯·培根（1561—1626）: on
altering the shape of fruits 关于改变
水果形状, 50-51; topiary fantasies
树木造型的幻想, 55

Becker, Ernest 厄内斯特·贝克尔:
on incorporation（eating）关于吸纳
（吃）, 9

Birds 鸟: mechanical 机械的, 46-
47, 67; in parks and gardens 在公
园和花园里, 76, 84-85; falconry
驯鹰术, 77

Blacks 黑人: eunuchs 阉奴, 126,
151; servants 仆人, 141; pets
（boys）宠物（男孩）, 141-42;
entertainers 艺人, 144, 149;
humiliation of 屈辱, 146-48;
indulgence toward 纵容, 148-49

Bonsai 盆栽, 61-63, 76, 77, 154

Brown, Lancelot（1716-1783）兰斯
洛特·布朗（1716—1783）, 20,
23-24, 49, 87

C

Canetti, Elias 埃利亚斯·卡内蒂: on
the dignity of sitting 关于尊严的坐
姿, 13

Carlyle, Thomas（1795-1881）托马
斯·卡莱尔（1795—1881）: his
racism 他的种族主义, 144

Castration 阉割: animals 动物, 88-
89; humans 人, 126, 149-53

Castrato 阉唱者, 152-53

Cato the Elder（234-149 B.C.）老加
图（前 234—前 149）: on slaves 关
于奴隶, 135, 136

China 中国: and nomads 和游牧部
落, 11-12; size of labor teams 征
发劳工的规模, 12, 20; kowtow
叩头, 13; Sui Yang-ti's toys 隋炀
帝的玩物, 17; gardens 园林, 19,
24, 25, 27, 29-36, 38, 60-63,
66, 86, 165-66; fountains 喷泉,

守望思想　　逐光启航

LUMINAIRE

光启

制造宠物：支配与感情

［美］段义孚　著

赵世玲　译

责任编辑　肖　峰
营销编辑　池　淼　赵宇迪
封面设计　陈威伸　wscgraphic.com

出版：上海光启书局有限公司
地址：上海市闵行区号景路 159 弄 C 座 2 楼 201 室　201101
发行：上海人民出版社发行中心
印刷：商务印书馆上海印刷有限公司
制版：南京理工出版信息技术有限公司

开本：890mm × 1240mm　　1/32
印张：10.25　字数：170,000　插页：2
2022 年 7 月第 1 版　2025 年 1 月第 5 次印刷
定价：78.00 元
ISBN：978-7-5452-1953-1 / S·2

图书在版编目(CIP)数据

制造宠物：支配与感情 / (美) 段义孚著；赵世玲
译 . —上海：光启书局，2022.6（2025.1 重印）
书名原文：Dominance and Affection: The Making
of Pets
ISBN 978-7-5452-1953-1

Ⅰ . ① 制… Ⅱ . ① 段… ② 赵… Ⅲ . ① 宠物—驯养—
历史—研究—世界 Ⅳ . ① S865.3-091

中国版本图书馆 CIP 数据核字（2022）第 061204 号

本书如有印装错误，请致电本社更换 021-53202430

Translated from

Dominance and Affection: The Making of Pets

by YI-FU TUAN

Copyright © 2004 by Yi-Fu Tuan

Originally published by Yale University Press

Chinese simplified translation copyright © 2022 by Shanghai People's

Publishing House

Published by Arrangement with Yale University Press

through Bardon-Chinese Media Agency

ALL RIGHTS RESERVED